鎌田 慧

イクル基地の素顔

ケ所村の
録（上）

岩波書店

青森県上北郡六ヶ所村。

人口一万二〇〇〇人。面積二五三平方キロメートル。人口密度四七人。

一九六九年春。この太平洋に沿って長く延びたほぼ平坦な寒村が、開発ブームに捲きこまれた。

それから二十数年が過ぎた。

いま、もっとも危険な核廃棄物処理場にされようとしている。

これは、一〇〇年にわたる、悲劇の村の記録である。

目次

扉写真　島田　恵（1、2、6）
　　　　炬口勝弘（3〜5、7）

〈下巻目次〉

下北半島の原子力・軍事基地一覧

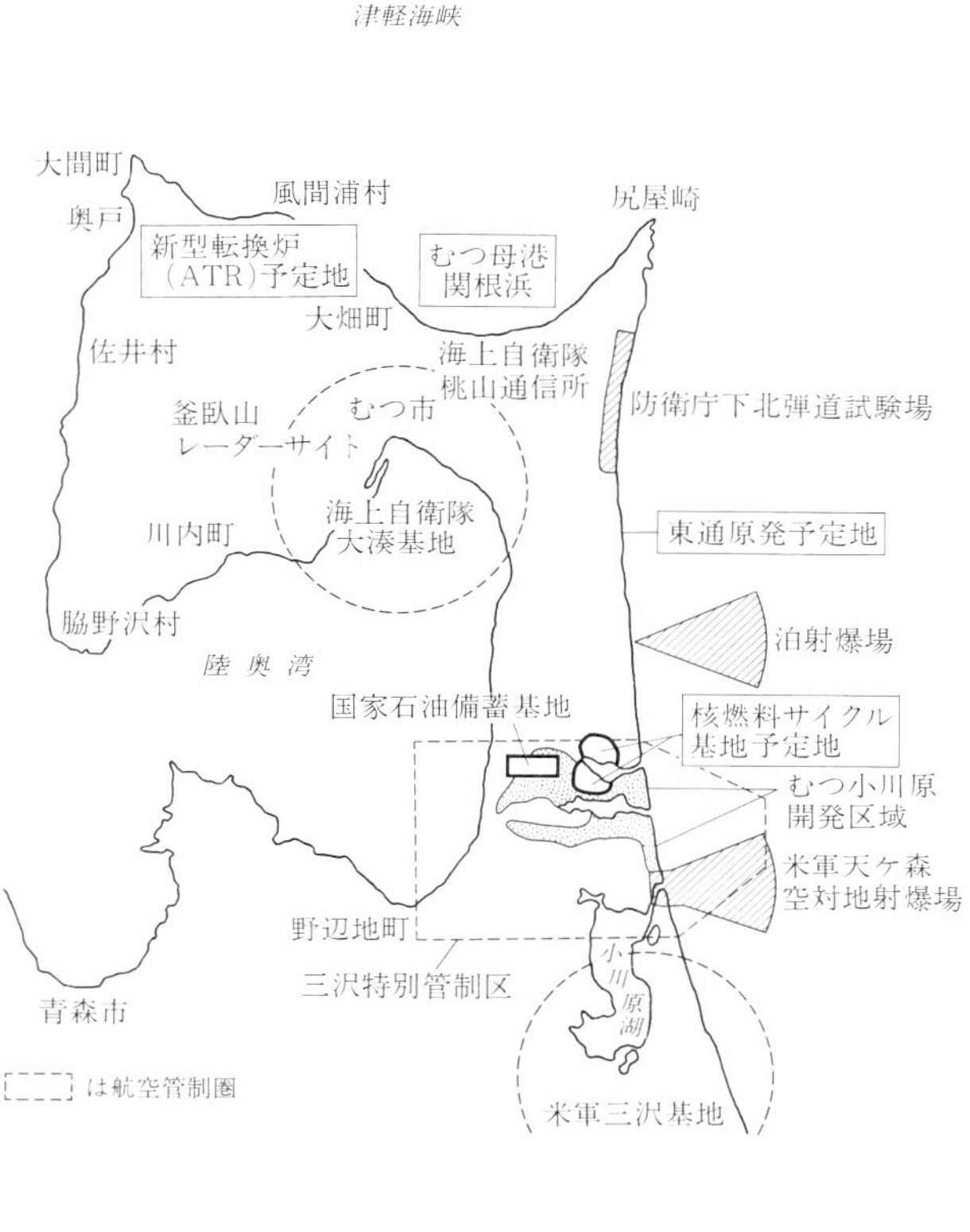

陸奥湾小川原湖地区工業用地概略図

「陸奥湾小川原湖地域の開発」1969 年 8 月青森県

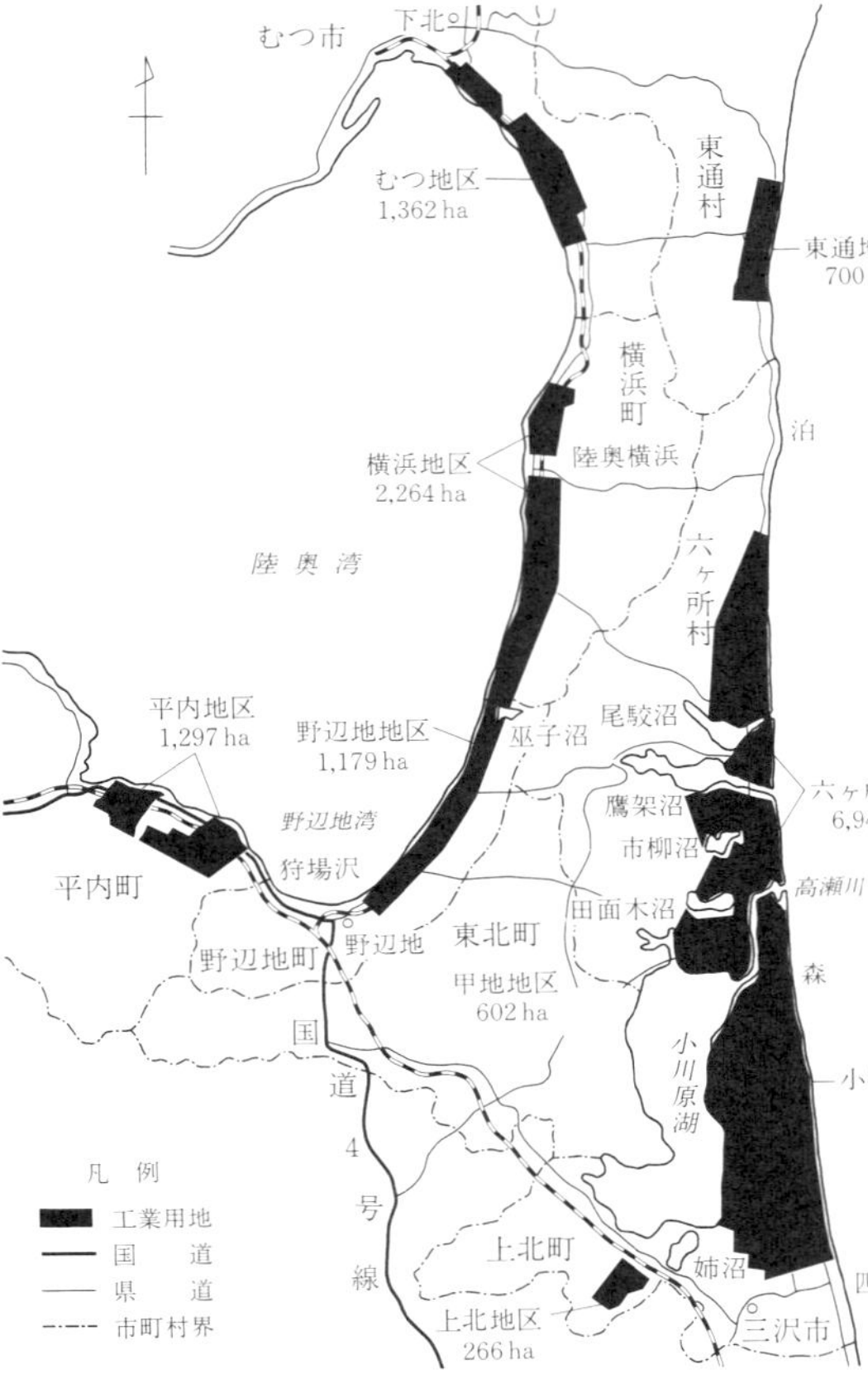

原子燃料サイクル施設計画地域図

1　開発前史

下北半島は、蛹《さなぎ》が身をよじった形で海に浮ぶ本州の最北端にあって、鉞《まさかり》を振りあげるようにして、指呼の間に迫った北海道と対峙している。

鉞の峰《みね》にあたるこの半島の太平洋岸は、オホーツク海から南下する寒流の影響によって、夏でもヤマセと呼ばれる冷たい霧がじわじわと海から侵入して、視界を遮《さえぎ》っている。たまたま一度だけ、わたしは北海道にむかう旅客機の円《まる》い窓から、海岸線にへばりついている六ヶ所村を眼下にしたことがある。

緑の牧草地に覆われた丘陵地と疎らな松林のあい間に、小川原《おがわら》湖、田面木《たもぎ》沼、市柳《いちやなぎ》沼、鷹《たか》架《ほこ》沼、そして尾駮《おぶち》沼とつづき、それぞれ柔らかな陽の光を反射させて光っていた。白く波を嚙む太平洋岸の長い直線とそれと平行して点在する湖沼群のあいだを縫うように、かぼそい一筋の道が北へむかって懸命に走っているのがみえた。いまは国道338号線と名づけられ、舗装されたこの道も、二〇年前までは挨っぽい凸凹《でこぼこ》道でしかなかった。

街道に沿って、雨風で漂白されたような軒の低い木造の家屋が、身をすくめてたち並んでいる。間口の狭い店先のガラス戸には、たまに通りかかるクルマが遠慮会釈もなく弾ね跳ばした泥の飛沫《ひまつ》がびっしりとこびりついた。店の奥には、諦め切ったような老婆の暗い表情があった。

東北本線・三沢駅から一日に四、五本しか通わないバスに乗って、南北に三二キロ、やたらと細長いこの村では、まだとばくちでしかない平沼《ひらぬま》の停留所にはじめて降りたったのは、一九七〇年三月だった。

おなじ青森県でも、むしろ日本海にちかい小都市に生まれ育ったわたしにとって、このあたりはまったくの未知の土地だった。というより、ここに住んでいるひとたちからの批判を覚悟していえば、鉄道からみはなされているこの広大な地域は、わたしの地図での「空白地帯」であって、集落があって生活しているひとたちがいるのを想像したことはなかった。それは津軽に住むものたちの無知と傲慢とばかりいいきれないようで、隣接する三沢市や野《の》辺《へ》地《じ》町のひとたちからでさえ、「鳥も通わぬ村」とか「青森県の満州」などと、ひとことにして片付けられていた。

七〇年三月、三沢市に滞在していたのは、あるちいさな経済雑誌の依頼で、この基地の町で突如としてはじまった開発ブームを取材するためだった。

その前年、六九年五月末に閣議決定された「新全総」(新全国総合開発計画)では、このあたりの将来が、二行ほどでさり気なく描かれている。

「一方、小川原工業港の建設等の総合的な産業基盤の整備により、陸奥湾、小川原湖周辺ならびに八戸、久慈一帯に巨大臨海コンビナートの形成を図る」

B5判七九頁の『新全国総合開発計画』の中で、陸奥湾・小川原湖周辺の開発に関する記述はたったこの二行だけである。が、これを経済企画庁総合開発局監修、下河辺淳編の『資料』(至誠堂刊)で照合すると、そこは、いますこし詳しく述べられている。

「(3) 工業開発プロジェクト

(i) 陸奥湾、小川原湖周辺の開発

工業の生産規模の大型化に対応する地域にして陸奥湾、小川原湖周辺、ならびに八戸、久慈一帯は日本に残された最大のフロンティアの一つである。陸奥湾は、天然の良港で、五〇万重量トン規模のタンカーが入港でき、原油備蓄基地(C・T・S)、原子力船母港など広範な活用が期待され、また小川原湖は淡水湖であり、その面積は六五平方キロメートル、水面の海抜高度は一・五メートル、最大深度二五メートルで、豊富な工業用水資源を包蔵している。これらの地域に石油化学等基幹工業の立地誘導を積極的に行ない、大工業地帯を形成する」

青森県生まれであることを知っていた編集者が、「新全総」についての関心を、わたしにうながしたのだった。最初の本である『隠された公害』を上梓したばかりで、開発について関心があったはずなのに、ほかならぬ地元で巨大開発がはじまろうとしていたことをわたしは知らなかった。彼は経済誌の編集者だったので、経済界での蠢動を耳にしていたようだ。しかし、新全総のなかでも大規模開発の中心に据えられていた「むつ湾小川原湖開発」は、どうしたことか世間ではまださほど知られていなかった。

道ばたに、泥を浴びて薄汚れた雪の小山が残っていた。繁華街の電柱には、「基地賛成」「基地撤去反対」のポスターが貼られている。米軍人のマイカーの整備をおもな需要先にしている三沢の自動車整備業者たちは、「三沢の現実に目を開き、確信をもって打ちだそう」と、「基地撤去反対」を唱えていたのだった。それが彼らの漠然とした不安をあらわしているようだった。

というのも、基地オンリーというほどに米軍に依存してきたこの町のひとたちが、さいきんになってスポンサーにたいして冷やかになってきたからで、依存度のたかい商工業者たちは、移り気な市民たちに、「現実」というものを知らしめる必要を感じていたのである。

三沢市周辺は、敗戦の日まで広大な原野だった。一九三一(昭和六)年に旧三沢村淋代《さびしろ》海岸から飛び立ったミス・ヴィードル号が、四一時間の飛翔の末、ワシントン州ウエナッチ空港に着陸し、初の太平洋無着陸飛行の壮挙をなし遂げた。が、そのあと、パイロット「スパイ説」などが囁やかれたりして、せっかくの日米親善に水をかけたりしている。一〇年後の一九四一年、ちかくに海軍航空隊が設置された。が、それでも空港と呼べるものではなかった。

一九四五年九月、米陸軍工兵隊が突如として進駐して旧海軍基地を接収、飛行場と付属施設建設の大工事にとりかかった。土建業者、労働者が県内ばかりか全国から集まり、外人相手のバー、キャバレー、商店が基地のまわりに建ちならびはじめた。奇才、寺山修司の母もそのひとりだった。

こうして、突如として基地に依存する消費都市が出現した。基地の面積は一六平方キロ、それに天ヶ森《あまもり》射爆場が七・七平方キロと、三沢市の全面積の二〇%を占めている。が、一ドル＝三六〇円時代に終りを告げた「ニクソン・ショック」の一年前から、すでにアメリカ政府のドル防衛は三沢市の経済に重くのしかかっていた。たとえば、六五年、米軍にたいする地元商店街の販売総額は、一三億四四〇〇万円と市民所得総額七〇億六六〇〇万円のほぼ二〇%を占めていたが、六七年の販売総額は九億二〇〇〇万円と三二%も激減し、所得総額にたいしては、一〇%にも満たなかった。

一九五一年六月、全国で二九万六〇〇〇人を数えていた基地労働者は、五七年六月の岸・アイク共同声明によって地上戦闘部隊が大幅に撤退したのにともない、一二万人に削減され、六九年一〇月現在、一四八基地で四万八〇〇〇人を数えるだけとなっていた。米軍は基地の合理化をすすめ、日本の基地を三万人台の労働者で維持する方針だった。

かつて五〇〇〇人を誇った三沢基地の労働者もすでに二〇〇〇人にまで落ちこんだ。さらに七〇年にはいって、第一次五三名、第二次五三名の人員整理が実施された。ソ連(当時)との冷戦の象徴であるこの基地は、人員は削減されながらも、ベトナムのタンソニュエット基地からファントムRF4Cが一八機移駐するなど、四個中隊七二機をもつ沖縄嘉手納《かでな》につぐファントム常駐基地となった。

七〇年二月末に実施された、三沢市職労の組合員にたいするアンケート調査によれば、「基地があった方がよい」が一七・二%、「ない方がよい」が一九・五%、「将来なくした方がよい」が四四・四%を占めている。「基地がない方がよい」の理由の五五%は、地域開発のためにならない、との理由による。

安保賛成三一%、わからない四〇%という政治意識をもつこの市の職員たちが、基地をなくした方がよいと考えるに至ったのは、「地域開発」のためである。

三沢地方労の渡辺航議長は、こう語った。

「三沢市は九三一五世帯のうち、米軍軍属一三〇〇人をふくめた三三%が直接構成員、四〇%が直接関係者といわれるほど基地に依存しています。しかし、これからは基地がなくてもやっていけるコンビナートを建設して、労働市場をつくればいいのです」

軍事基地から工業基地へ。革新もまた工業開発に期待していた。保守派の小比類巻《こひるいまき》富雄市長は、年頭挨拶で、「地域開発のために射爆場は移転してもらう必要がある」と強気の発言をしている。開発予定地の中にふくまれている米軍の空対地射爆場は、盛りあがってきた開発機運のなかで、目の上のタンコブとされるようになった。

七〇年三月中旬、三沢基地の北部、天ヶ森射爆場に隣接している六ヶ所村平沼部落は、部落総会をひらいて射爆場の撤去要求を決議した。

平沼地区が射爆場撤去の決議をだしたのをきいて、キツネにつままれたような面持でいたのが、天ヶ森部落の川島長一郎区長である。二年ほど前、部落総出で、射爆場入口にむかって「漁場を返せ」のデモ行進を敢行したとき、おなじ「基地公害」に悩む平沼部落にも統一行動を呼びかけたのだが、ソッポをむかれた経験があったからだ。

「なぜいまごろになって、射爆場反対の意見がでてきたのかわたしは疑問なんです。基地と射爆場が、そんなに簡単に切り離せるもんですか」

わたしを見据えるようにして川島区長はいった。

部落のすぐうしろに、攻撃機の標的を据えられている天ヶ森射爆場は、三沢の原野に建設された旧海軍基地に付設して設置されていた。戦後になっても開放されず、そのまま米軍に移管されたばかりか、さらに拡張された。五二年以来、地先漁場の八〇%は、貸与の形で接収されたままである。川島さんは四年前から漁場の返還運動をはじめていた。

「平沼」でバスを降りて、わたしは北へむかって歩きだした。上空を旋回してきたジェット戦闘機が翼を傾け、金属音とともに石つぶてのように海にむかって急降下するのがみえた。ロケット砲の発射音と同時に腹に堪《こた》えるような鈍い破裂音が響いてきた。海面から脱出したファントムがすばやく上昇すると、すでにもう一機が迫っていておなじ角度で急降下していく。そしてズシンとした爆発音。あたりには戦場のような不安感がただよっている。

道路に沿って立っている茅葺き屋根の農家が、あらかじめ電話で面会を申しこんでいた平沼部落射爆場撤去対策委員会の副会長の家だった。戸を引くと長い土間になっていて、左側に居間の障子戸がある。ジェット戦闘機の甲高い爆音に抗《あらが》うようにして大きな声で「吉田さん！」と呼ぶと、小柄な老婦人が首をだした。

ブリキのルンペンストーブの正面に、濃い黒色のサングラスをかけた額のはげあがった老

三沢基地（撮影＝島田 恵）

人が端座し、ややうつむき加減に全神経を耳に集中していた。主人《あるじ》である。顴《かん》骨の張った、意志の強そうな風貌である。

まず、爆発音から切りだすと、ファントムは一日四回、四機編隊でやってくる。射爆場のまん中にある標的にむかって、ナパーム弾やロケット砲などでの攻撃訓練をしている。この部落にも、ときどき、ケースや不発弾を落とすことがある。それが最初の挨拶だった。

「どうしてこの部落は、射爆場撤去をうちだしたんでしょうか」

「部落総会で決めました。ここにむつ湾総合開発がくるそうですが、射爆場があれば、うまくねえんです。それがら、三沢のほうでも基地の移転を叫んでいて、こっちでだまっていれば、移されてくるかもしれない。だまっているわけにいかない。そういうわけです」

平沼のひとたちで、三町歩(ヘクタール)ほどを米軍に貸している、という。年に一反歩(一〇アール)あたり一万円の賃貸料がはいる。恩恵がないわけでもない。が、四年前の六六年六月二八日、海上で投下された塩素ガスが風に吹かれて、稲や畑の作物に被害を与えた。このときは米軍から反当り八万円(平均)の補償金をもらった。

一年前から、射撃訓練がにわかに激しくなった。ベトナム戦争の戦況が反映している。ラジオも電話もきこえない。柱は曲がり、ガラスにひびがはいり、子どもがムシを起こす。たしかにそのころ、三沢の川島さんから反対運動の呼びかけがあった。それでも、当時の部落長(区長)が動かなかった。

ことし二月に区長が交替した。一六日に「撤去対策委員会」を設置した。老人クラブ代表の彼が副会長となった。これから、役場と防衛施設事務所に「陳情書」を提出する、と語ってから、彼はこうつけくわえた。

「ここは射爆場がなければ、世界一のコンビナートになるところです。これがある限り、平沼は発展しないということです。経済成長はねえんですよ。去年(六九年)の八月ごろから不動産屋がはいってきて、土地を買ったり売ったりはじまっています。減反で休耕しているひともいるけんど、土地を売るのはまだみんな積極的に考えていねえようです。いま期待しているのは、反あたりなんぼの土地が、坪なんぼとなって、平沼が発展することです」

工場がくるとかならず公害の被害がでますよ、とわたしは彼の話をさえぎるようにしていった。地域開発と公害は、そのころわたしにとってのテーマであったたし、六ヶ所にきたのもそのためだった。膝をそろえて坐り、その盛りあがった膝の上に握りこぶしを置いてきいていた彼は、ちょっとひるんだように「公害は、まだ考えてません」といった。

それが吉田又次郎(59)さんだった。

三沢基地は、ファントムの移駐と山田弾薬庫(福岡県)廃止にともなう弾薬の搬入などによって、基地機能が強化されつつあった。が、その一方で、基地労働者の解雇が五月雨《さみだれ》式につづき、雇用不安がたかまり、再就職先が模索されていた。開発は、このようなときに姿をあらわした。それに、その年から減反がはじまっていた。

たとえば三沢市に配分された減反目標数量は一四八ヘクタールであったが、すでに市の農林課にとどけられた減反希望面積は一〇〇〇ヘクタールにもおよんでいる。これは市の水田面積二一〇〇ヘクタールの半分にあたる。つまり、五割減反である。

三沢市は六三年来、干拓、開田、さらに畑から稲作への転換などのために、一八億八〇〇〇万円も投入してきた。その努力によってようやく二倍になった水田面積が、減反政策によって元の木阿弥になってしまった。

「いままでもそんなにやりたくなかったんですね。やめるキッカケをまっていたんです。政府の補償金がそれを踏み切らせたんですよ」

天ヶ森の川島さんは、一年の半分を出稼ぎで暮している地元の農民の気持を表現した。

県の企画部開発課が、前年の六九年八月に作成し、東京の大企業に配布していた「陸奥湾小川原湖地域の開発」をわたしは入手した。面積六二・七平方キロメートル、全国で一一番目のひろさを誇る小川原湖の風景写真を表紙に刷りこみ、「はしがき」を竹内俊吉知事がみずから執筆した、三二ページのカラー印刷のパンフレットである。そこには開発の規模がつぎのように書かれている。

「開発すべき工業の業種は、鉄鋼業及びC・T・S基地を含む、石油精製、石油化学工業等の臨海性装置工業の立地を主体とする。

さらに、アルミ、銅精錬等の非鉄金属、化学工業(天然ガス工業を含む)、造船、自動車、電気機械、航空機等の大型機械工業及び関連産業を配置する。

このため、原子力発電の開発を推進するとともに、できるだけ、エネルギー供給基地と基幹産業とのコンビナート形成をはかる。

（開発の目標）

工業生産額　約五兆円

工業用地　約一・五万ha（約四五〇〇万坪）

工業従業員　約一〇万人〜一二万人」

「構想図」をみると、下北半島の太平洋岸と陸奥湾側の両面が、ほぼ全域にわたって「工業用地」として赤く塗りつぶされている。途方もない計画だった。

一万五〇〇〇ヘクタールといえば、東京の二三区全域に相当する。

この構想図では、天ヶ森射爆場は掘込み港湾としてつぶされている。米軍施設が県のプランによって、いともかんたんに「解消」されているのだった。小川原湖を中心とした三沢市と六ヶ所村では、基地と減反と開発の三大矛盾が渦巻き、ここに住むひとたちに幻影とともに、大きな不安を与えている。

わたしは、こう書いた。

〈基地と農業、このふたつの〝主要産業〟の行き詰まりに当面している三沢市議会は、超党派でこの開発計画にとびついている。しかし、それはいまのところ、実体のない机上プランでしかない。

沖沢三沢市助役も、

「今年度から本格的な調査を開始します。三年ぐらいかかるでしょう。それからです。いまはまだなにもはっきりしてません」

と語るだけである。

最大の問題は、基地とコンビナートが地域的に両立するか、ということであり、とりわけ、現在の天ヶ森射爆場は、掘込み港湾に予定されている地域にある。基地を現在のままにしておいて、射爆場だけ移転させることがはたしてできるのか。またマッハ二・五の戦闘爆撃機が飛び交うそばに、石油、化学工場などが誘致されてくるかどうか。

こんご、原子炉の操業および工業生産による公害発生の危険がある。が、むしろそれ以上に、企業に支配される地域の住民の精神のほうが大きな問題をふくんでいる。それはいまの軍事支配が産業支配に変わるだけのことでしかない〉(『オールビジネス』一九七〇年五月号)

それは、対馬を舞台にして、東京の大企業による地域支配の本(『隠された公害』)を書いたばかりのわたしの結論でもあった。

それから一年がたった。七一年四月、わたしは六ヶ所村を再訪した。東京の新聞でもようやく「むつ小川原湖開発」が大きく扱われるようになっていた。

〈下北ブーム　北端に壮大な基地　大都市のがれ企業続々〉(『朝日新聞』七一年一月一日)

〈土地ブームに泣く農民　下北半島〉(『朝日新聞』七一年二月一日)

〈三万ヘクタールの新工業地帯「むつ小川原開発」が創立総会〉(『毎日新聞』七一年三月二五日)

この『毎日新聞』の記事は、一面に四段見出しで、植村甲午郎経団連会長が挨拶している写真が三段で扱われ、リードには、こう書かれている。

〈青森県下北半島のむつ小川原地区を開発し、大規模工業基地を建設するため、財界、政府、地方公共団体が総力をあげて作る「むつ小川原開発株式会社」創立総会が二四日、東京大手町の経団連会館で開かれた。三〇日に正式発足する。新会社は工業用地の先行取得と造成から始め、地域全体への計画的開発と地価の抑制をねらっているが、このような大規模開発会社はわが国でも初めて。東京湾の三分の一にもあたる三万ヘクタールを開発し新しい工業都市をつくる〉

「むつ小川原開発株式会社」は、当初の払い込み資本は一五億円、そのうちの四〇％の六億円を政府機関である北海道東北開発公庫が出資、青森県が一〇％の一億五〇〇〇万円、残りの半分を財界大手一五〇社が五〇〇万円ずつ支払った。

一年ぶりに吉田又次郎さんをお宅に訪問した。彼はやはりルンペンストーブの前に端座し、黒いサングラスの顔を伏せ、両耳を突きだすようにしてわたしを迎えた。が、話は前とちがった形で展開した。

一年前に提出した「射爆場撤去」の要請は、県議会でも採択された。県当局もまた射爆場と開発は両立しない、との見解だった。しかし、吉田さんの考え方は変ってしまっていた。

「部落のひとの考えが変ってきて、飛行機はすこしぐらい飛んでいてもいいから、射爆場がここにいれば、買収とか立ち退きというものはないいんだ。ここの村からわれわれは去らなくてもいいんだ、という考えをもったひとがぼつぼつ出てきたんですな。そんだから、射爆場の撤去とか移転とかはあまり力をいれる必要がなくなったんでねえのが、と部落の雰囲気が変ってきたわけです」

——工場地帯になると困る、という意見になってきた、ということですね。

「まあまあ、そんです。工場がくれば公害になるし、公害になれば身体も弱ります」

あれから一年たって、ここのひとたちもようやく公害についての関心をもつようになっていた。七〇年から七一年にかけて、全国的に公害問題が噴出していた。わたしは、北九州市に半年ほど滞在し、新日本製鉄の歴史と公害について書いた『死に絶えた風景』を出版したばかりだった。吉田さんは、その日が二度目だったせいか、それとも正直な性分なのか、「お宅にも不動産屋がきましたか」との質問に答えてあっさりいった。

「わだしも山林を一町歩ばかり、一昨年(六九年)に売りました。遠くの沼の近辺で崖の際《きわ》にもっていたのがあったもんですから、いいとこは残して売りました。一反歩五万円くらいのもんです。安かった」

——どこへ売ったんですか。

「内外不動産。八戸に駐在している小宮山利三郎という歳とったひとで、この辺の世話役です。内外不動産がほとんど買い占めましたんじゃありませんがな。それから青森の入江さん。そのころから土地買いが流行ってきました。〈吾《われ》〉も土地買い、お前《め》も土地買い。いままでの現金収入はコメだったんですが、さいきんでは土地さえもっていれば、何百万円のカネでも、今日といえば今日くる世の中になったんです」

最初に訪問したのは七〇年三月、その半年ほどまえ、すでにこのあたりの土地は不動産屋に買い占められはじめていた。「観光開発」というのが名目だった。

吉田さんによれば、それまで土地の売買はほとんどなく、ごくまれにあったにしても、畑で反当り一万ていど、坪当りで三〇円強、それでもいいほうだった。ところが六九年の夏ごろから急に値段があがり、内外不動産が買いだして七万、いまでは二五万から三〇万となった。が、三〇万としても坪一〇〇〇円である。

「六ヶ所では生活に追われて、肥料商とかにたいがい借金があったもんです、一戸あたり三〇万ぐらいは。そこへ土地買いがはいったもんですから、こりゃ、いいもんだ、とばかり、内外不動産には見通しがついてあったんじゃないですか」

ケネディ大統領が撃たれたころ(一九六三年)、十和田電鉄が浜のほうを買って歩いたことがある。十和田電鉄は、六九年一一月に国際興業の小佐野賢治に買収されたが、そのあとも村内の土地を買い占め、五〇〇ヘクタールの山林原野を押えた、ともいわれている。村会議員が不動産屋の手先になったり、去年の九月ころには、平沼の「橋本農事」(肥料商)の橋本喜代太郎が、不動産業の資格をとって村内で看板を掲げた、などと説明したあと、吉田さんは「もう七〇〇ヘクタールは動いているんですよ」とつけくわえた。

土地を売っても誰も売ったとはいわない。それでもどうして判ったかというと、税務署がやってきたからである。珍しいことである。税務署から調べられたのが、村内だけで一七〇軒もある。平沼だけでも一〇軒はあるんでねべかな、ともいう。

買収された山林原野は登記されたが、畑や水田などの農地の売買は、農民以外では「農地法」に違反する。だから仮登記して所有権を押える方法がとられている。

平沼に五人はいる不動産屋の手代である世話役は、カネを支払うときに、空白の領収書をもらって捺印させる。金額はあとで記入する。たとえば三〇万で買収しても、業者には五〇万の領収書を渡して二〇万の差額を懐にいれ、ほかに一〇万円の手数料を受け取る。そのカネが村議選の資金となって、一票一万円、三〇〇万円もかけて当選したものもいる。

大石平《おおいしたい》という開拓部落では、開拓組合長の橋本猛雄が買収のまとめ役になった。一反三万七―八〇〇〇円で部落ごと売り払って、やがて村議会の議長になった。

三万ヘクタールの買収、四〇〇〇戸立ち退きがある「巨大開発」の実態を、吉田さんがようやく知らされたのは、七〇年六月だった。社会党の元代議士である米内山《よないやま》義一郎さんに教えられたのだが、このときはじめて、「世界一のコンビナート」が具体的な姿となってたちあらわれたのだった。

「部落の集会でわたしが話しても、誰ひとりホントにするひとはなかったんです。ところが、ことしの一月に県知事選挙があって、三沢の市民会館で立会い演説会があったんですよ。そのときに、米内山さんが、三万ヘクタールの買収、四〇〇〇戸の立ち退きなんだ、と暴露しても、知事の竹内さんは、それを事実無根だともなんともいわなかったんですよ。それではじめて、なるほど、去年の六月にきいた通りだ、と思ったんです。それから新聞紙上に出てきて、去年、吉田又次郎がしゃべっていたことはホラでなかった、本当なんだ。こりゃ、射爆場が立ち退きすれば、われわれも立ち退きさせられるんだ、射爆場はいたほうがいいとなったんです」

県の企画部が、カラー刷りパンフレット「陸奥湾小川原湖地域の開発」を配布したのが、六九年八月だった。これは企業誘致のためのもので、県民むけのものではなかった。翌七〇年四月二〇日『東奥日報』の朝刊には、一一段にもおよぶ〈巨大開発の胎動——生まれ変わる陸奥湾・小川原湖〉の大記事が掲載されている。

タイトルに敷かれている写真は、大阪でひらかれている万国博に通産省が展示した「陸奥湾・小川原湖開発」の未来像で、長さ三〇メートルもある石油精製コンビナートの模型である。

記事のなかに使われている「開発構想図」は、八ヵ月前に発行された県のパンフレットの転用で、陸奥湾岸ばかりか六ヶ所村の海岸線のほとんどが、工業団地として塗りつぶされたものだった。

「特別取材班報告」と題された〈巨大開発の胎動〉は、A、B、Cの匿名三人による記者座談会の形で、翌日から一面左肩に七段ずつ、二八回も連載された。

「あれからですよ、開発がブームになったのは」と、わたしが三沢市で会った不動産屋はこの記事の貢献度について語ったが、肝心の地元である六ヶ所村のひとたちは、自分たちの上にのしかかってきた運命について、なお無関心だった。

県紙として三十数万部の部数を誇り、中央三紙およびブロック紙の『河北新報』を完全に引き離している『東奥日報』にたいして、竹内俊吉知事の影響力が強いのは、彼が戦前にこの新聞の記者から重役に到達し、戦後は顧問を務め、同時に同系の青森放送の社長や会長を歴任していたことにもよっている。知事は県政とマスコミを両手に握っていた。

ということもあって、連載記事のタイトルは、

〈想像つかぬ変容　スケールは全国一〉
〈初めて原子力採用　六業種が計画的に立地〉
〈一番手は石油化学　52年ごろ操業開始へ〉
〈20万トン級が出入り　造り惜しみできぬ港湾〉
〈豊かな用地と用水　全国で類をみない条件〉
〈未開発こそが魅力　都市に振られた大企業〉
〈世界的工業地帯に　経済大国の一翼になう〉
〈加工基地の整備を　臨海型基幹工業めざす〉

というような開発讃美に終始していた。まだ地元にたいして県当局からなんの通告もない段階で、新聞は大キャンペーンを張ったのだが、ことの良否の検討は抜きにして、開発がやってくるのは当然とする視点によっていた。開発の地ならしは、まず、地元紙によって徹底的におこなわれたのである。

〈中核は発電と製鉄　第二センターの構想も〉との見出しがたっている二五回目の記事（五月一九日付）には、

「通産省や鉄鋼協の計画を受けた形で、三井グループが本県に原子力コンビナートを建設する意向を固めており、さる四月二四日に三井不動産の本部で竹内知事から県の開発計画について説明を受けている」と書かれている。

知事が企業に売り込みに出かけ、「原子力コンビナート」を押しつけられた、とも考えられる。

もっとも「下北半島の原子力センター化」は、この年の竹内知事の年頭記者会見であきらかにされている。が、この段階での彼の発表は、原発建設や高温原子炉実験炉、熱交換機、原子力基礎研究施設の建設などであり、村の北側に隣接する東通《ひがしどおり》村での茨城県東海村に代る「第二原子力センター」であって、それ以上の詳細は報道されていない。

ただ、前年の六九年六月三日付の『日本経済新聞』には、日本工業立地センターの「調査報告書」をもとにした記事が掲載され、〈原子力産業に最適〉と四段の見出しがたてられている。記事には、「核燃料の濃縮、成型加工、再処理など一連の原子力産業の適地といえる」とある。

新全総発表の前に、小川原湖周辺でのコンビナート建設のニュースは各紙にだされていたが、もっともはやいのは、六七年八月の東北開発審議会の産業振興部会の報告である。

ここではじめて「陸奥湾に原油輸入基地」の構想が示され、その年の一一月には、その後、工業立地センターの調査委員長になった鈴木雅次日大名誉教授が、通産省の依頼を受けて陸奥湾沿岸を調査、C・T・S(原油輸入基地)として大いに有望である、と発言している。

原子力船と原油と核廃棄物サイクルの構想は、このころ浮上したのだった。

『東奥日報』が大キャンペーンを張ったころ、不動産屋の手に渡った開発予定地内の土地は、県の公式調査でも五八〇ヘクタール、推定では二〇〇〇ヘクタールといわれている。五八〇ヘクタールの三分の二を取得したのは、「内外不動産」といわれている。開発が具体的に姿をみせる前に、地区出身の村議が不動産屋の手先になった大石平のように、ほぼ全滅した地域もあらわれている。

県が開発について公式に説明したのは、七〇年の六月一日になってからである。

この日はじめて、北村副知事と陸奥湾小川原湖開発室長が、関係一六市町村の農林、漁業団体を青森市に招集して、開発の理念について説明した。内容は、「公害なきコンビナート」であり、鹿島開発で失敗した「農工両全」の教訓によって、代替地制はとらない、というものだった。離農、転職を原則とする「青森方式」である。

今野良一開発室長は、こう語った。

「地域内の農業者のすべてが代替地を要求して農業をつづけていくといわれても、膨大な代替地は現実にはもとめられず、開発は不可能になる。率直にいって、農業から工業に転職、協力してもらわねばならない」

吉田又次郎さんは、買収の先兵となった村議たちの活躍について語ったあと、正座している太股を右手のにぎりこぶしで叩いて声を張りあげた。子どものころハシカにかかって失明した彼は、浪曲師として生活してきたのだった。

「われわれが心配しているのは、ここで強調しておきたいのは、むつ小川原会社のほうでは買収にくると思うんです。その場合、簡単に応じる気構えは部落にはないんです。立ち退きといっても、集団で移転する代替地がなければ駄目です。そうなって、国や県とわれわれのほうの見解の相違があらわれてきたとき、成田空港のようなやり方をやられるんでないのか、という恐しさがわれわれのガンになるんですな。

それをいうと知事も黙っている。どんな代議士もだまっている。立ち退きや買収に応じない場合、成田空港のような強制執行をやられないか、こりゃなかなか恐ろしいもんですよ」

ストーブのむこう側で、両足をなげだして坐ってきいているチヨ夫人は、低い声をだしてうなずいた。

――射爆場反対の組織を工場建設反対の団体に変えるんでしょうか。

「射爆場の対策委員会のほかに、これはわたしの私見ですけど、〈明るい会〉というような、一五人か二〇人の団体をことしのうちにこしらえて、村議会や県議会を追及したり、われわれで考えたりする会が必要になるんじゃねえがと考えてます。まだ、マスタープランも発表されていませんので、下手な動きはできませんが」

――成田空港に反対している三里塚は、代替地が欲しいという運動じゃないんですよ。勝手な計画には従えない、ここで農業したい、といっているんですよ。ここは買収を拒否するという姿勢ではないんでしょうか。

「買収は」と吉田さんは考えて、思いきったようにしていった。「拒否するべし、とはいってます」

――そういうひとは何人ぐらいいますか。

「一〇人ぐらいはいるんでねべかな。ことしのうちに会をつくりたい、と思っています。たとえ高い値段であっても、いくところがなければどこにもいけないでしょう。いままで売ったのは、五キロや六キロ離れた不便なところで、いいところはまだみんなもっているんです。もう売らないですな」

――県のほうでは、さいきんではアイマイにしてますが、青森方式で鹿島のような代替地は考えてない、といったでしょう。民間企業の工場建設では、強制代執行はできないですよ。納得できない、売らない、といえばいいんです。納得できない場合は、断固反対するでしょう。

「そこまではまだ考えてません。けれど簡単にはここは発《た》たれない、だからここでがんばることになるでしょう。ここよりいいとこは、県でもみつけられないでしょう。ここはいいとこです」

このときの吉田さんの考え方は、もし立ち退きさせられるとしたら、お寺も神社も一緒の集団移転、それができない限りは反対、というていどのものだった。

一九七一年二月二五日の午前、衆議院予算委員会第三分科会で、埼玉県出身の公明党議員である小川新一郎が、小豆色の薄いパンフレットを片手に政府を追及していた。

「私が聞いているのは、昭和四四年五月三〇日に(新全総が)閣議決定された以前、四四年三月に、もうこういう、〈むつ湾小川原湖大規模工業開発調査報告書、四四年三月、日本工業立地センター〉、こういうものが財界の手に渡っております。うわさによると、これを一部何十万円でもいいからくれと言った業者もあったそうです。どうして四四年三月に、閣議決定されない以前にこういうものができ上がってしまうのですか」

経済企画庁の佐藤一郎長官が答弁に立った。

「それは私も存じませんが、とにかくビジョンを、ビジョンをと言って、ビジョンを書くのもいいけれども、考えものだと私も思っているくらいで、全くあずかり知らぬ一種の架空の予測ではないかと思います」

佐藤は突っぱねた。そこには、日本工業立地センター(会長・石坂泰三)は通産省の外郭団体であって、経済企画庁とは関係ない、との意志をあらわしていたのかもしれない。長官のあとを受けて、総合開発局長の岡部保がまだまだ調査の段階で、〝ビジョン〟通りにいくかどうか、と補足説明した。

小川議員は鉾先を転じた。計画が漏れると土地の収用に困る、というが、日本工業立地センターの飯島貞一常務理事は、通産省の「大規模工業基地の考え方及び開発方式についての中間答申」のメンバーであり、通産大臣の諮問機関である産業構造審議会のメンバーであって、「計画はツーツー」、新全総決定の前にどんどん買い占めがおこなわれている、と追及をつづけた。

「そこで具体的な例を一つあげますと、地元民はいまどれくらいの土地を登記がえしているか御存じですか」

岡部局長が答えた。「詳細は存じません」。小川がつづけた。

「だから困るのです。私が、これは青森県で調べたところによると、昭和四五年一〇月現在で約三〇〇〇ヘクタールの登記がえがこの地点において行なわれている。ところがその買収者は不明であるという答弁がきている。国および県は用地の買収を行なっておりません。昭和四五年一〇月現在、一坪も買ってないのです。その時点で三〇〇〇ヘクタールの大規模のものを、これは私、名前を言わないけれども、東京のM不動産とか、何とか不動産という大会社が行ってどんどん買いまくっている。やったって、それもいいんですよ。そういう利にさとい企業家が、あの下北半島の荒れ地を坪四〇円で買っているじゃないですか」

「むつ小川原開発」について、国会で論議されたのはこれが最初だった。その前に地元出身の古寺宏(公明党)がやはり衆議院の予算委員会で、土地が買い占められていることの報告や射爆場撤去の要望などをだしたりしていたが「暴露」の最初はこれだった。小川は言葉をつづけた。

「いまかってに買い占めをやっている大企業の不動産会社の社長が、むつ小川原開発ＫＫの中に設立発起人になってはいっているじゃありませんか。はいっていませんか」

岡部総合開発局長が答弁にたった。

「どうも、どういう会社のあれかは存じませんが、たしかに発起人の中に大手の不動産業の社長が入っておられることは事実でございます」

「ではたとえていいますと、ここにこれだけの名前がずらずらずらと載っているのですよ。この中に不動産協会会長何の何がし、何とか不動産の何とか何がし、三菱何とか、みんな出ているじゃないですか。自分たちのつくった政府の会社に自分たちが発起人に名を連ねて、自分が先に行って買って、必要な土地はこんどはその会社に買わせるのじゃないですか。四〇円でお百姓さんから買った土地が、いま坪二〇〇〇円にも三〇〇〇円にもはね上がっている。これは競争の原理でいくとまだ上がっていきますよ。どうしても公共用地に必要だ。青森県で泣いているのは、われわれが公共用地で取得したいところは全部押えられてしまった。もう八〇％方、土地買いあさり戦争は終わったと豪語しているのです。そこをこんど、自分たちがつくった、財界が出資し政府がつくってくれるこの会社が、自分の買った土地を買いにいかなければならなくなっちゃう矛盾が出てくる。こんなめっちゃくちゃな話はないじゃないですか」

「むつ小川原開発株式会社」が経団連で設立総会をひらいたのは、それから一ヵ月後である。「新株式発行目論見書」によれば、会社の目的は「土地の取得、造成、分譲」などである。設立の趣旨については、つぎのように述べられている。

〈大規模工業基地問題の成否は一にかかって所要用地の先行確保の如何にあるといっても過言ではありません。これは単に進出企業の利便という狭い立場にとどまらず、環境の保全等地域開発の必須条件を整え、理想的なコンビナート形成を行なうためにも欠くべからざる行為であります。

しかしながら、当該地域には、すでに思惑買いが進みつつあり、このまま放置すれば、事業の遂行が危ういばかりでなく、地権者の保護等地域住民の福祉の見地からも思わしくない結果を招来しかねない状態となっております。そこで、我々は、地方公共団体、民間協調の下に「むつ小川原開発株式会社」を設立し、土地の先行取得を行なうことが焦眉の急と考えます〉

発起人には、日本企業の代表ともいえる五五名が名を連ねている。発起人総代は、植村甲午郎経団連会長であり、蘆原義重関経連会長、木川田一隆経済同友会会長、永野重雄日本商工会議所会頭をはじめとして、財界団体のトップが網羅されている。

おもな財界人は、つぎの通りである。

市川　忍　大阪商工会議所会頭（丸紅飯田会長）
出光計助　石油連盟会長（出光興産社長）
稲山嘉寛　日本鉄鋼連盟会長（新日本製鉄社長）
井上五郎　中部経済連合会会長（動力炉・核燃料開発理事長）

岩佐凱実　全国銀行協会連合会会長（富士銀行頭取）
江戸英雄　不動産協会理事長（三井不動産社長）
岡藤次郎　石油化学工業協会会長（三菱油化社長）
数納　清　生命保険協会会長（朝日生命社長）
川又克二　日本自動車工業会会長（日産自動車社長）
瀬川美能留　日本証券業協会連合会会長（野村證券会長）
高林敏己　日本鉱業協会会長（三井金属会長）
田口連三　日本機械工業連合会会長（石川島播磨重工社長）
永田敬生　日本造船工業会長（日立造船社長）
中司　清　日本化学工業協会会長（鐘ヶ淵化学工業社長）
中山一郎　軽金属協会会長（日本軽金属社長）
平井寛一郎　東北経済連合会会長（東北電力会長）
福田久雄　日本船主協会会長（大阪商船三井船舶社長）
本間嘉平　日本建設業団体連合会会長（大阪建設社長）
宮崎　輝　日本化学繊維協会会長（旭化成工業社長）
山本源左衛門　日本損害保険協会会長（東京海上火災保険社長）

このほか、財界有力者としては、中山素平興銀相談役、安西正夫昭和電工社長、小山五郎三井銀行社長、土光敏夫東京芝浦電気社長、長谷川周重住友化学工業社長、藤野忠次郎三菱商事社長、越後正一伊藤忠商事社長などもはいっている。

電力会社は、木川田一隆東電社長、蘆原義重関西電力会長、若林彊東北電力社長、井上五郎動燃理事長とクビを揃え、不動産業界では、江戸英雄のほか、渡辺武次郎三菱地所会長、小川栄一国土総合開発社長がはいり、それぞれ二〇〇株を所有した。

初代社長には佐藤栄作首相と旧五高時代の友人である安藤豊禄小野田セメント相談役(経団連国土開発委員長)が決まった。副社長に阿部陽一麻生セメント取締役(東京支社長)、専務に中尾博之元大蔵省理財局長が就任、これからの五年間で三万ヘクタールの用地を買収、一九七四年からの一一年間で造成、分譲を完了させる、としている。

この壮大にして未曽有の官民一体の大会社は、「土地ブローカー」の思惑買いに対処し、土地の先行取得をおこなうのを当面の目的として発足したものだが、取締役会にはいった江戸英雄の率いる三井不動産が、まっ先に「思惑買い」に走っていたのだから、右手で安く買った土地を、左手に高く買わせるようなデタラメといえる。

それればかりか、三井不動産の小鍛冶芳二宅地開発部調査役が江戸から直接指名されて、この会社の現地指導部ともいえる「県本部」(三沢所在)の副本部長に収まった。本部長は開発にはまったく素人の県教育長で、それを補佐するもうひとりの副本部長は、東北電力から派遣された平沢哲夫理事だった。歴戦の強者《つわもの》が遅れた青森になだれこんだ。

出資企業としては、前述の設立委員の会社以外に、第一開発、芙蓉開発、三菱開発などの財閥系デベロッパーも参加していたが、三菱開発の鶴海良一郎常務が、業務担当常務として名を連ねた。スタートからして、公正さは期待されえなかった。

初期の段階で、吉田又次郎さんなどの土地を買収したのは、八戸に本拠を構えていた「陸奥の開発社」の小宮山利三郎である。彼は六九年六月に「三井不動産と協約成立」(小宮山ハル編著『夢の陸奥運河＝北千島よりむつ小川原開発へ』)している。八一年に出版されたこの本の「あとがき」には、こう書かれている。

〈小宮山を使って下さった大恩人は、三井不動産の江戸会長様と坪井社長様だけです。三井様のお蔭で、夫は七七歳ではじめて、芽を出し花を咲かせました。初めて四四年(三井不動産と協約＝引用者註)の暮から九年間は、生活費を出し、私を養ったといえましょうか〉

『夢の陸奥運河』は、妻が編んだ、多分にヤマ師的であった小宮山利三郎の追悼集である。「三井不動産、内外不動産と手を結んで」の章もあるが、残念ながら具体的にどのような買収をしたかの記述はない。

八二歳、いささか馬面にして痩身の小宮山が、東京・上野の精養軒で江戸英雄と並んで座り、三井不動産の重役や「系列会社の社長様達」(写真説明)が列席している写真が掲載されている。どれほどの関係かはべつにしても、江戸もなんらかの義理を感じていたことは推測できる。

写真説明に「主人の事業の後継者第一号」となるのは、内外不動産の「特約店」だった不動産屋である。開発予定地内でいちはやく悪名を轟かせることになった内外不動産は、小宮山利三郎の強引さを大いに利用していたようである。

三井不動産は、同系の第一産業を内外不動産に吸収合併させ、鹿島につづいて下北半島での土地の買収を狙っていた。うっかり三井不動産の名刺をだしてしまった内外不動産の社員もいた、とも伝えられている。両社の本社はおなじ住所にあった。といっても、内外が三井の社屋内にあったのだが——。

青年のころから、よくいえば夢想家であり、他を顧みない猪突猛進型の野心家であった小宮山は、出資者を探しだして北洋漁業の船団を組んで失敗に終っていた。そのあと、家族を引き連れ、北千島の最北端にあって、カムチャツカ半島を望む無人島「占守島」に移住し、敗戦を迎えている。国境防衛の部落を建設する、と豪語して、小笠原長生海軍中将や南郷次郎講道館館長らを説得して資金をださせ、一〇〇戸ほどで定住していた。

ソ連での抑留生活を終えて帰国してからは、六ヶ所村や銚子(千葉)に沈んだと伝えられている幕末期の宝船の引き揚げなどを目論んだが、それぞれ失敗に終っている。

江戸英雄との出会いについては詳《つまび》らかにされていないが、妻ハルの手記には、「三井の江戸会長を三一年から口説きはじめ、一三年かかって、昭和四四年八月に、三井が開発に立ち上がりました」とある。小宮山はそのころ、下北半島の太平洋岸から陸奥湾に抜ける「陸奥運河」の開削を事業化しよう、としていたから、それで江戸に接近したと想像できる。

それまでは芸者屋のツケウマを自宅につれてくることはあっても、カネなど一度もいれたことのなかった利三郎は、「江戸英雄会長様に拾われ、ここで芽が出ました」とハルが書くように、三井不動産と「協定」した六九年から、七八年に八五歳で死亡までの九年間、はじめて妻に生活費を渡した。

「むつ小川原開発」の前史ともいえる「陸奥運河」計画は、一六七三(延宝元)年のころから南部藩主によって構想され、明治にはいってからも何代かにわたって県知事も調査を命じていた。一九五一年に青森市議会が開発を議決し、五八年には青森市長が会長となって、関係一四市町村をまとめて「陸奥運河期成同盟会」が発足している。

六九年八月に県の企画部が発行したパンフレット「陸奥湾小川原湖地域の開発」の末尾に「参考」として、その構想図が収録されているが、それによると、太平洋岸に深く入り込んでいる六ヶ所村の鷹架沼と陸奥湾岸の野辺地町巫子《いたこ》沼のあいだに横たわる砂丘原野を横断する、全長一五キロ(このうち湖沼部分九キロ)、鞍部の最高標高六〇メートル、水深一〇メートル、水路幅一五〇メートルの大運河構想であった。

希代のヤマ師ともいえる小宮山が、民間人でただひとり、「期成同盟会」の常任理事に収まっている。江戸英雄に接触したのはこのころである。

千葉県の友納武人知事や船橋ヘルスセンターの丹沢善利と手を結んで、千葉県の五井沖などを強引に埋め立てて不動産業界に浮上した江戸の野望は、そのころはまだ茨城県の鹿島開発にひっかかっていた。だから、鹿島の結着をつけたあと、小宮山の構想に触手をのばした、と考えることができる。小宮山と「協約」した六九年四月とは、そんな時期を指している。

新産都市と並ぶ失敗に終った「鹿島開発」は、旧制水戸高グループによっておこなわれた。茨城県知事の岩上順一、三井不動産の江戸英雄会長、国土総合開発の小川栄一社長、京成電鉄の川崎千春社長、前東京通産局長の中村辰五郎など、水戸高の出身者たちがはじめて鹿島を視察したのが、五九年九月一八日だった。

そのあとまもなくして、六一年六月上旬、経済企画庁の下河辺淳や通産省産業立地課の飯島貞一をはじめ、建設省、運輸省の若手官僚たちが、江戸に迎えられて一週間ほど調査に歩いた。やがて、江戸、下河辺、飯島、この鹿島開発トリオが、竹内県知事にひきいれられて、青森県に転戦したのが、「むつ小川原開発」である。

あとひとことだけ小宮山について言及するならば、彼についての記事が、『東京新聞』の「話題の発掘」欄に二面にわたって掲載されている。タイトルは〈「陸奥運河」実現に一生の夢をかける〉。頭の上に円い房のついた正ちゃん帽をかぶり、厚手の外套を着こんだ小宮山が、運河予定地の鷹架沼を背景にしてカメラに収まっている。

この記事には、小宮山とともに「陸奥運河」の予定地を視察した、種市栄太郎六ヶ所村村長の談話が収録されている。

「ついこの間もね、原子力発電所建設用地の候補になってさ、三〇〇万坪ばかりなんとかなるかって県でもいうもんだから、見せてやりました。なんぼでもありまさあ、ハッ、ハッ、ハッ」

と豪快に笑ったこの村長も、まもなく古い贈収賄問題が出てきてあっさり失脚する。この記事が掲載されたのが、六九年一月、ようやく脚光を浴びることになった主人公の小宮山が江戸に「拾われる」のが、その五ヵ月あとである。彼は「政界筋にお願いすべきだ」とここで主張しているから、あるいはこの記事が三井接近策になにほどかの効果があったのかもしれない。

ここでの「原発用地候補」の種市発言は、六九年五月の「新全総」に先行していた。原発については、彼の先代の沼田正村長時代、六五年から村としての誘致運動がはじまっていた。原発開発前史で、「運河」とともに「原子力」もまた地下水脈を形成しつつあった。

2　侵攻作戦

山腹に切り拓かれた青森空港を飛びたったYS－11機は、機首を西に旋《めぐ》らして津軽半島にむかった。

十三湖《じゅうさんこ》を下にみて竜飛崎《たっぴざき》上空にでると、機は右に大きく旋回して、北海道の大地を左に遠望しながら下北半島にむかった。

機密窓に額を寄せて下界の風景を覗きこんでいるゴマ塩頭の男が、経団連会長の植村甲午郎である。隣りの座席に坐って、膝のうえにひろげた青森県の地図に眼を落としながら、ときおりなにやら話しかけているロイド眼鏡が、県知事の竹内俊吉だった。

県がチャーターした特別機には、岩佐凱実、堀越禎三の両副会長、それに花村仁八郎専務理事などの経団連関係者と県の幹部たちが乗りこんでいた。新聞記者やテレビのカメラマンたちもこの遊覧飛行に招待されていたことにも、新聞記者出身である竹内知事の老獪さが示されている。

植村は竹内が指さす方に双眼鏡をむけてはうなずいていた。機は原子力船の定係港に予定されているむつ市の旧海軍埠頭にむけて機首を傾け、原子力センターや巨大開発の予定地とされている下北半島をまっすぐに南下して、豊かな水量を湛えた小川原湖を眼下に収めた。

ほぼ一時間にわたって「むつ湾小川原湖開発」予定地の全域を視察した一行は、昼すぎ、青森市内のレストランで記者会見に臨んだ。植村経団連会長は、こう語った。
「(開発予定地は)豊富な水資源と広大な土地に恵まれており、しかも公害の心配がないうえ、地価が安いのが魅力だ。県の開発計画は、国土総合開発計画に歩調を合わせて進められているが、これは大型の企業を誘致する意味で大いにプラスになるだろう」
岩佐凱実副会長がそのあとをひきとった。
「工業コンビナートとして最適の場所だ。青森県は原子力船の定係港に指定されて以来、中央の財界でもようやく関心をもちはじめた。しかも原子力センターの候補地にあがっていることは、今後の工業開発に非常に有利だ。原子力船は危険どころかきわめて経済的であるため、積極的に原子力センターの誘致を望むべきだ」(『サンケイ新聞』六九年八月一〇日)
経団連の首脳が機上から視察したのは、六九年八月九日の昼前だったが、そのほぼ一ヵ月前、やはり経団連の大型プロジェクト部会の一行一〇人が県知事と会談したあと、現地を視察している。メンバーは部会長の安藤豊禄のほか、高野務三菱地所顧問、小川栄一国土総合開発社長、藤野忠次郎三菱商事社長などである。このときもまた、小川原湖を中心にした豊富な水資源が、彼らの食指を動かしていた。海岸線に隣接した大小の湖沼群となだらかな丘陵地帯、その上に企業家たちは工場のイメージを重ねていた。
「これだけの水を工業用水として利用できるところは、全国にも例がない」(高野三菱地所顧問)
通産省の外郭団体である日本工業立地センターが、県の委託を受けた調査の報告書をまとめたのが、その四ヵ月前。それを基礎資料にして、県がカラー刷りの企業むけパンフレットを作成したのと、経団連一行が乗りこんできたのとは、ほぼ同時だった。

東京、虎ノ門にある日本工業立地センターの事務所で会った飯島貞一常務理事は、「六八年のはじめころから調査をはじめ、六八年じゅうにはほぼ完成していた」というから、開発の情報はかなりはやくから出まわっていた、と考えられる。

こうして、六四年、八戸地区が新産都市に指定されたとき、「小川原湖周辺の開発については、今後調査を継続しその結果に基づき建設基本方針を再検討する」と付記されていた「小川原湖周辺」の開発は、六九年五月、「新全総」の閣議決定によって、いよいよ本格化したのだった。

一九六九年を年表風に整理すると……。

三月　日本工業立地センター、「むつ湾小川原湖大規模工業開発調査報告書」を発表

五月三〇日　「新全国総合開発計画」閣議決定

七月一四日　経団連、国土開発委員会大型プロジェクト部会の一行、現地視察

八月　青森県企画部、パンフレット「陸奥湾小川原湖地域の開発」を公表

八月九日　植村、岩佐、堀越、花村など経団連三役が空から現地視察

「この地域の魅力は、広大な面積に自由に絵をかけることにある。土地買収がはっきりしてから、最終プランをつくりたい」

と飯島常務がいった。

「本当にできるんですか」

わたしは念を押した。

「これができなかったら、日本の工業は終りですよ」

彼は力をこめていいきった。

六ヶ所村は下北半島の太平洋岸にあって、南北に長く伸びている村である。村を縦断する県道に沿って南から、倉内《くらうち》、平沼《ひらぬま》、鷹架《たかほこ》、尾駮《おぶち》、出戸《でど》、泊《とまり》の六村が並んでいた。一八八九(明治二二)年、これらを統合して六ヶ所村となった。

村役場は平沼に置かれた。が、村びとたちの便宜を考え、村のほぼまん中にある尾駮に移転したのが、一九二〇(大正九)年だった。

尾駮は江戸時代の旅行家である菅江真澄の憧れの地でもあった。彼は一七九三(寛政五)年一一月下旬、おぶちの牧をみたい一心で、雪の降りしきるこの太平洋岸の細道を踏むべく、田名部《たなぶ》(むつ市)から南下している。

菅江真澄を捉えていたのは、『後撰集』に収録されている、読人しらずの一首だった。

みちのくのをふちのこまも野かふには

あれこそまされなつくものかは

ここに出てくる尾駮の牧とは陸奥《みちのく》にはない、との説があるかと思えば、その地名があるのだからまちがいはない、と諸説紛々としていた。

彼は住民から借りた熊の毛皮を肩からかぶって馬の背にまたがり、雪あられが激しく吹きむかう道を、しのぎしのぎ進んだ。馬もひとも真白に雪をかぶり、前方に目を凝らしてみてもなにもみえなかった、と「おぶちの牧」(『菅江真澄遊覧記』)に著《しる》されている。

東通村の老部川《おいっぺ》を越えて白糠《しらぬか》にはいり、泊、出戸とすすむと、また老部川になる。老部川は三日前にすぎたばかりなのにと不審がると、老部の連峰から分れて流れ落ちるおなじ水だから、との説明だった。

やがて丘がみえ、枯草の色がかすかに認められた。「それなん尾斑《ぶち》のまきのふる跡と、ゆびして人のさしをしへたり」。尾駮の牧は陸奥の国にはない。いや名前はあるのだから疑う必要はないなどと、昔から議論があった。しかし、きてみるとたしかにここにあった。と菅江真澄は感激している。彼はこの由緒ある名所を一〇年あまりも心にかけて捜していたのだった。

尾駮村では、尾駮沼のほとりの木村という家に宿泊した。沼の中にはマテ小屋と呼ばれる、高床式のちいさな小屋が二〇ばかり並んで立っていた。その上から網を曳いて、ニシンやワカサギ、エビ、カレイ、ボラ、ウグイなどを獲る。木村家では新鮮なニシン料理がだされた。満潮になると、ニシンが沼にはいってきた。

囲炉裏ばたで、六〇歳すぎの主人が鬚《ひげ》を撫でながら語った。

「この村をおぶちといいますのは、昔、尻尾の毛がぶちの馬が生まれまして、それが珍しいと帝に奉《たてまつ》るため都に曳いていかれました。それが尾駮の駒で、それからここが尾駮の牧と

尾駮沼（撮影＝炬口勝弘）

なったのです」

まいとし冬がくると馬を捕える。このあたりの村々で養い育て、三月の末、やや雪も消えて若草が青く萌えでるころに放牧する、という。いつのころであろうか、出戸から驚くほどの大きさで、普通の馬の四、五倍も背丈があって、牧のほかの馬をどんどん食い、人をも追いかけるような馬がでたことがあった。それで村の名を出戸《でど》とよび、その馬を見あらため検査したところを高架(鷹架《たかほこ》)と名づけ、馬のかたちがたいらであったところから、そこの沼を平沼《ひらぬま》とよび、馬の背がたいそうたかく七つの鞍をおくほどだったので、そのおいてみたところを、くらうち(倉内)と呼ぶようになった、という。

人を喰ったと伝えられるこの馬は、射殺して埋めた。その塚を七鞍《ななくら》という、と真澄は書いている。後撰集の和歌にあるように、荒馬だった尾駮の駒は懐《な》つくことはなかった。

その話をきいて、菅江真澄も一首したためている。

としふともおもひしまゝにみちのくの
其名をぶちの牧のあら駒

吹越烏帽子《ふっこしえぼし》岳の裾野にひろがる尾駮の牧を、真澄は残雪のあいだにようやく垣間みることができた。が、それから先は積雪が深くて進路を断たれ、翌日、おなじ道を北へ引き返した。

尾駮沼からすこし北へすすんだ道ばたに、山の分教場のような、横板を張りつけただけのちいさな建物がたっている。建物のよこっ腹に三角屋根の玄関が据えられ、その引戸の脇に風雪に削られた木目があらわになった看板が打ちつけられている。そこには筆太にこう書かれている。

「上北郡六ヶ所村役場」

きしんだ音をだす床板を踏んで歩いた廊下の奥が、村議会場である。

一九七〇年三月二三日、教室ほどのスペースにふたり掛けの木製の机を並べた議場で、定例議会がひらかれていた。二二人の議員が全員出席、理事者側もふくめて、せまい議場は満員だった。

黒板を背にした議長席で、白い顎鬚を長く垂らした禿頭の佐藤繁作が、形通りに開会を宣言した。彼は旧「満州」開拓団の団長として、戦後、満州帰りを率いてこの村に入植していた。このとき、六〇歳だったが、議員では最古参である。

「悪路にもかかわらず全員出席くださいまして、誠にありがとうございます。ただいまより、定刻になりましたので、開会致します。

それでは、一般質問にはいります。一三番議員」

質問にたった橋本喜太郎は、農家出身で五二歳。古手株である。

「むつ湾、小川原湖工業開発による原子力発電所の問題について、去る三月一三日朝のニュースで原子力発電所は、木村の出戸地区に決定したと発表しておりますが、この問題について村当局に何か連絡があったものか、また、むつ湾、小川原湖工業開発について、国では調査費として二億四〇〇〇万円の予算を取ってあることは皆さんも御承知のことと思いますが、一〇〇年の前途をめざして開発計画をみましたことに、我が六ヶ所村において村民の幸福をえたいと考えております」

これが、六ヶ所村議会での「巨大開発」に関する最初の質問だった。

顎鬚ばかりか、八の字の太い眉、房状に頰を這う長い揉《もみ》上げ、それに口許を覆った口髭と顔中毛だらけの議長に促されて、長身の寺下力三郎村長が議席と一メートルほども離れていない演壇の前にたった。

五七歳の寺下は役場職員から助役に昇進して一〇年、任期半ばにして贈収賄で失脚した前村長に代って立候補、対立候補を一〇六票の差で破って、前年の暮に村長に就任したばかりである。

「原子力発電所のことでございますが、御承知のように、むつ湾、小川原湖工業開発が昨年以来より新聞等で大きく報道されているわけですが、実は、現在のところ県のほうからは何も示されておりません。

過日、テレビに発表されました老部《おいっぺ》地域というのは、何だか、六ヶ所村の出戸と尾駮の間にしるしをつけて老部川地区と発表しておりますが、これは東通村の老部地区です。この問題にたいしまして、ことしの一月でしたか、私ひとりで聞いては村長の早合点があってもいけないというわけで企画課長も同席しまして、どういうふうになっているかとお伺いしてきた訳でございますが、いまの段階ではまだはっきりしていないという返事であり、私としては、村のほうで困るのは、行政にたずさわるものはもちろんですけれども、議員さんもはっ

村議会（撮影＝炬口勝弘）

きりしないのでは困るというわけでありまして、新聞ではクローズ・アップされているような報道をしてはいますが、私からはじめ議員の皆さんもまったく雲をつかむようであると思います。

当然、村民から色々と聞かされるから答弁に困るんだと概略だけでも知らせて下さいと、色々話し合いを進めてきたわけでございますが、県の係では、はっきり答えることはできない、ただ予算は要求しておりますというのが、返答でございます」

寺下村長は開発を「雲をつかむような」と表現したのだが、村の有力者である議員たちは、その雲をつかむような話に期待していた。

佐々木兼太郎議員は、開発を強力に推進して一日もはやく工場を誘致し、一〇〇万都市の実現のため村民が一致して立ち上るべきだ、すでに県内の業者に農地一〇〇町歩、そのほか一〇〇町歩が県外の業者に売買されている。だから、村としても、開発の内容をちゃんと広報しろと迫った。

「ぜんぜん、海のものやら、山のものやら判らないのに、どこがどうなるとはいえない」

寺下村長が手堅く答えると、一三も歳下にかかわらず佐々木議員は、「ただいまの村長さんの答弁は、事務屋が答弁したようでピーンとこない」とあてこすった。「この職員あがりが」というような冷笑がふくまれていたが、そこには三ヵ月前に終ったばかりの村長選挙のしこりが投影されていた。

佐々木議員は、こうつづけた。

「当然一村の村長であるならば、すくなくともいまから手腕を発揮して、将来、この土地はこのようになるんだと、いま農民は生産性の低い生活をしているが、いましばらくがまんして、この土地は何年たてばこれくらいになるんだと、このような行政的な指導が必要であるだろうと思います」

痩身の寺下村長は、顎をすこし突きだすようにして答弁した。

「新聞などでは、むつ湾小川原湖の工業開発が大きく報道されておりますが、坪いくらの値段で土地が売れるんだということを、村の公報でだしてPRすることまで踏み切れなかった次第でございます。それから、農地が売られて減っておるということは、当然、議員の皆さんも御承知のことと思いますが、農民が土地を手放しあるいは商人が店を売るというふうなことは、生活の基本をくつがえし、大きいことでございまして、村でもそれを奨励するということは、毛頭もっていないわけでございます」

村には大開発がくる。しかし、どこがどうなるかわからない。それが村民たちの期待と不安だったが、村の有力者としてのプライドをもつ議員たちには、ひとより先に知りたい、との思惑が強かった。

昼の休憩のあと、佐藤竹松議員が質問にたった。彼はまず、「村長の答弁はなにか発展を警戒しているようだ」と批判してから、こうつづけた。

「この開発が太鼓のように本村に鳴り響いたのは、昭和四三年の七月二七日に皆さんが御承知のとおり県出身の科学技術庁にいるところの成田次長が青森市におきまして、原子力セミナーを開いた際に核燃料開発問題にふれまして、科学技術庁は、この建設地を全国から応募する考えであるが、原子力船母港をむつ市に建設を引き受ける関係で、青森県が正式に応募するならば、小川原湖の広大な土地利用が、日本の原子力センターとして脚光を浴びる可能性が充分にあると、これらの建設には広大な土地と工業用水等の状況が必要でありまして、おそらく東通村から三沢市にかけての太平洋岸が最も有力な適地であると発表したのであります。

それ以来、すでに三年を迎えております。この実現が進展しつつありまして、いまやその周辺の関係市町村の住民が、これまた期待も大きいものと思います。

昨年の二月早々に原子力発電所の建設が、出戸地区が最適であると発表されましたが、そういう面からとくに六ヶ所村においては、原子力発電所の実現が第一歩の期待となったわけであります。

しかし、三月一一日の本県会におきまして、明らかに東通村に建設する計画であり、すでに用地の買収その他の交渉にはいっていると知事が発表いたしまして、大半は落胆したように見受けられます。

御承知のように、むつ湾小川原湖開発は、六ヶ所村が中心であると毎日のように報じられ、先程、村長は二人の議員にたいし、構想が全然わからない、こういっておりますが、すでにすべりだしておるのではないかと考えます。だから、村長がまったくわからないということは、村長の職務として問題じゃないかと思う次第です」

またもや、村長批判がとびだした。寺下村長は、たしかに県がつくった青写真はある、と答えてから、こうつけくわえた。

「ただこの青写真は大規模なものであり、本当に夢物語のようなものでありますので、御了承願います」

経団連幹部たちが、空から六ヶ所村を品定めしていたころ、機上からは眼にとまることもないほどちいさな、木造の村役場の周辺に住むひとたちにとって、財界の思惑などまるで雲の上の世界のものでしかなかった。

バラック造りの村役場から山側にむかって三キロほどはいると、大石平《おおいしたい》の開拓部落である。あるいはこのあたりが、二〇〇年前、馬から牛に乗り換えて下の道を通った菅江真澄が遠望した尾駮の牧だったかもしれない。

なだらかに傾斜する丘陵地のはるか彼方に、太平洋の水平線が淡くひろがってみえた。広大な原野のあちこちに廃屋が立ちつくし、トタン板が風に吹かれてキリッキリッと音をだしていた。

細い道をいくと、前庭で女の子がふたりで遊んでいた。母親らしい若い主婦が見守っている。声をかけると、家の裏手から日除けの風呂敷をかぶった小柄な農婦が出てきた。中村なみさん(50)だった。

大石平開拓部落は、五二年、尾駮地区の二、三男対策として一〇戸ほどで入植したのだが、まもなく二戸が脱落、去年までに七戸が土地を売って本村の尾駮に下がっている。いま残っているのは、彼女の家が一軒だけ。夫と息子は北海道のニシン場や東京などでの出稼ぎ暮し、という。

「土地を売ることで、部落が話しあったことはあったんですか」

とわたしはきいた。

「やっぱり一回はね、売ったほうがいいんでねえがな、こういう話があるしってね、集まったったんですよ。集まって、一反三万なんぼで売るって、で、まんずおらの家だけ残ったんですよ。おらの家が一軒だけ残ったから、買わねえって。その話があって一ヵ月もたたねえうちに、ひとがはいったんです。なんだか八戸《はちのへ》のほうのとかって」

「八戸の小宮山でしょう。内外不動産」

「わがんねえけんど、なんだかそうらしいね」

「それで、組合長の橋本猛雄さんがまとめたんですね」

吉田又次郎さんからきいていた話を、かぶせていった。

「まんずそうです。あのひとがいちばん先に借金多かったしねえ。あのひと、政治家で、尾駮にばっかりさがってるから、女ひとりでなんぼ逆立ちしたってどうにもなんねえ、草ばかり生えるし。奥さんがひとりで、体の弱いひとだったす。まんず、どこのひとも男は、村になにか用あれば一日さがってあがってこねえんですよ。女ふたりあれば、どうにか三町歩やなんぼのもの畑の草ぐれえだバね、どうにか一生懸命やればやれるけれども、女ひとりでは何町歩やったってもね。男のひとはあてになんねえです。耕耘機でもかけてしまえばいいなぐなって。だから肥料代なんか借金になった。うちは女ふたりあって、まんず、お嫁さんとふたりで一生懸命はたらいたから、まず、ひとよりはまぁ」

入植したあと七、八年も苦しかった。植えた馬鈴薯は腐って花をだした。その花を採って小豆と一緒に煮て食べた。三年間は、松の木の根っこ掘り。七、八年たってようやく生活できるようになったら、出稼ぎがカネになるようになった。

夏は北海道、冬は東京、大阪。出稼ぎが本業化してくると、「みんな負かされてしまった」と彼女はいう。男たちは土地を売って下(村)へさがりたい、というようになっていた。

「苦労した経験はかんたんには捨てられないでしょうね」

「まんず、わしらはそう思ってます。せっかくこれからどうにか苦なくやってくにいいなあと思ったときに、みんなが出稼ぎに行くことばっかり考えて売ってしまって、その前々から売りてえ売りてえってまんず喋ってたったですよ。ちょうどよく橋本さんが借金に困って、あれだって利息だけ一ヵ月一〇万とか払わねばなんねえとかってねえ、随分はりつめて一生懸命口かけたんだかどうやったんだか、わだしわがんねえけんども、で、売ることにして、いい塩梅《あんばい》に買うひとがきて」

「売ったひとは、未練はないんでしょうか」

「売りたくて売りたくてやったんだから、ほれ。いや、いまになればね、うちだけ残って、ここの言葉でいえばコバムㇺ（ねたむ）っていうんですか、売ったときは、ホウホウ面白がってすごかったですよ、あの時は。うちだけ残って寂しいと思ったたけども、いまはべつに寂しいには寂しいけれども、やっぱりこの財産があったらいいもんだなあと思う気持でねえ」

村役場までほぼ三キロだから、村内の開拓部落ではいちばんちかい。実家にちかいということも、開発の声とともにまずまっ先に部落が壊滅した理由のひとつである。生活の不便といえば、電話がないことである。立ち去った隣りの家に赤電話がついているが、無人で閉っているから、むこうからかかってきてもこっちからは通じない。

「橋本さんが村議選にたつといっても、部落のひとたちが後悔しているなら彼には票をいれないでしょうよ」

「いやあそうでないもの、ただ橋本さんが口みつけただけで、みんなが売りたくて売りたくていだんだから、売るひとだけ集まって、その値段でいいつもりで売ったんだから、なんもべつに橋本さんを恨むことはないですよ。橋本さんがひとりでも売るっつうだったから、そのうちに十和田の佐川（小佐野賢治系）って、なんか建設してるひとがあんですよ、そのひとがここさいちばん先にはいったったんですよ、買うのに」

「それでも、売らなかった？」

「したら、ここの部落のひとみんな連れてってね、佐川に山みせでさ、シテ、食堂みたいなとこさはいって、派手に食わせたり飲ませたりして決まるみたいだったら、どうしたんだか、税金のことやなんかあって、困るつうのでやめたんです。そうしてるうちに八戸のおじいさんのなんとかっていうひとがきて、だから橋本さん恨むひとないですよ。でも、女だけはたンだ騙《だま》された騙《だま》されたっていうけど、男同士がまんず、行くって行ったの」

中村さんの家の土地は六・二ヘクタール、五年前までは県の指導を受けてビート(甜菜《てんさい》、砂糖大根)を作付して経営は安定していたが、砂糖の自由化がはじまって製糖工場は撤退、ビートは生産中止となった。

主力品種は大豆だが、天候の影響で実がつかなかったり、相場が変動したり。水田は五〇アール(五反)ほどあるが、減反もはじまって、生計は不安定である。

大石平はそのあとからはじまった機械開墾ではない。人手による開拓だったし、酪農もまだはじめていなかった。借金はさほどのものではなく、中村さんの家で一〇万。年に二万ずつの償還だった。

小宮山利三郎の「陸奥の開発」社が買収した金額は、移転料、住宅の取り片付け代などをふくめて、一〇アール三万八〇〇〇円、坪当りにして一二五円余である。六ヘクタール売ったにしても、二三〇万円弱ていどでしかない。

「これからどうするんですか」

中村さんは駆けまわっているふたりの孫を眼で追いながら、自分にいいきかせるようにいった。

「農業というよりも、どうでも食うだけ食べていければいいと思ってます。土地があるし、いよいよなんねえときは売ってもまず食べられるし、そんなに大豆とかなんとかって一本でやらなくて、どうでも食べていければいいなぁと思って。あんまりハァ、いままで一生懸命はたらいてあれしたんだから、これからはたらかねえでね、どうでも食うだけ植えてね、あとは長生きして、どういうふうな世の中になるんだか、長生きしてみたいと思う気持はあるな」

共有地をふくめて、一一一ヘクタールの大石平開拓部落は、まるごと三井不動産のダミー、内外不動産に買い占められようとしていた。

太平洋に沿った六ヶ所村とは背中あわせに、陸奥湾に面しているのが横浜町である。野辺《のへ》地《じ》駅から大湊線に乗り換え、北野辺地、有戸《ありと》、吹越《ふっこし》と陸奥湾に沿って北上する。吹越駅は、昔ながらのプラットホームだけの無人駅である。

この駅から六ヶ所村にむかって約二キロ、第二明神平開拓地もすでに全戸離村していた。敗戦直前の青森空襲によって裸同然になった田沢さん夫婦は、家業のそば屋に見切りをつけ、七人の子どもたちと一緒に、県が募集した「緊急開拓」に応募した。食糧増産は当時の国策の最大目標だったし、食糧難に苦しむ国民の願いでもあり、失業対策でもあった。

農業経験のまったくない、そのとき、四四歳だった田沢さんは、「種をまけば生《お》がるべ」と簡単に考えて、ほかの三家族と一緒に青森市からここにやってきた。やってきた、というよりは、追われてきたというほうが正確だった。たしかに作物は生《お》がったが、実はならなかった。

「あの頃の生活は、口ではなんともいわれない」

朝五時から夜九時まで、まいにち休むことなくはたらきつづけた。〝御料林〟だった松林を切り倒し、手で根っこを掘り起して、やっと畑ができた。収穫できたのは、粟《あわ》、稗《ひえ》、馬鈴薯ぐらいのもので、それがそのまま主食になった。

「一〇年がんばれば、と一〇年がんばったけど、ふえたのは借金ばかし」

入植して間もなく、おなじ青森市内からきたうちの一軒は主人が亡くなって去り、もう一軒もそれにつづいて脱落していった。

やがて県では養豚を指導した。養豚は四年に一度ほど周期的にくる市況暴落で打撃を受けた。そのあとの指導は酪農だった。しかし、この開拓部落には簡易水道が辛うじて通っただけであり、酪農経営は一一戸で七〇頭が、用水面からみての限界だった。水道増設の陳情を町につづけたが、一一戸のためだけでは、ということで町はそれを受けなかった。

こうして、農業経営の見通しもつかず、国の制度資金、県、農協の融資分とその延滞金(複利)によって、各戸とも五〇〇―六〇〇万円、経費を引いた年収の一〇倍にも匹敵する借金を抱えることになったのである。

「肥料《こやし》をやれば食えない。食えば肥料をやれない。働《かせ》いでも働《かせ》いでも、まいとし赤字ばかりで、バクセ(馬鹿臭い)くなっていた」

「町の人」が、牧場をやりたいからといって土地を買いにきたのは、こんなときである。反当り一〇万円の買収条件は、年間反収の五倍のものだった。「借金を返して一息つきたい」、そんな気持に追いつめられていた部落のひとたちは、浮き足だった。「苦しんだ土地だから放したくない」感情と、「国や県からの返済催促に応えてスッキリしたい」気持がないまぜになったまま、部落総会で全戸離村に話が落ち着いてしまった。

田沢さんは、息子とふたりで乳牛を二二頭にまでふやし、これからなんとかやっていける見通しがついた矢先だった。しかし、一戸だけが反対して「みんなに迷惑をかけたくない」という気持も捨て切れなかった。それで結局売ることに賛成した。

県、農協からの借入金を返済し、吹越駅のちかくにさがって土地を買い、家を新築中である。それでも、三〇〇万円ほどが手許に残った。しかし、まだ一九〇万円ほどの政府資金が未返済のままになっている。これを返してしまえばこれからの生活が成り立たない。戦後二六年間の、飢えと寒さと重労働の苦闘とこれからの生活の不安を想えば、この三〇〇万円はなんとしてでも確保していたい。「政府にこの借金は返したくない」と、しゃがみこんでいた田沢さんは、拾った木切れを土に突きさしながら、わたしのほうを窺《うかが》うようにみた。

二度目に会った田沢さんは、まだ昼なのに酔払っていた。タオルで鉢巻をした、深い皺が刻まれた顔はまっ赤だった。

「県や政府のいうことはなんにも信じられない」

と彼は酔いのまわった口調で、吐き捨てるようにいった。土地を手放した昨年二月まで、田沢さんはもっとも勤勉な開拓者だったのだが、「このごろは酒を呑んでいることが多い」

と近所のひとが語っていた。それはたんに、カネがはいったから呑んでいる酒ではなく、「バクセ」くて呑む酒であろう。

標高五〇七メートルの吹越烏帽子の裾野にひろがる、なだらかな丘陵地に点在する第二明神平の農家もまた、裏側の六ヶ所村大石平とおなじように廃屋と化していた。田沢さんのお宅はそのあいだに遺された一軒である。

頭にタオルを巻きつけ、茹蛸《ゆでだこ》のように顔をまっ赤にさせた田沢さんは、厚手の野良着に地下足袋の扮装《いでたち》で、牧草畑のあいだをひょろひょろとおぼつかない足どりで歩いてきた。大湊線の線路のちかくに普請中の新居を見守りにきたのである。まだ壁が塗られていない、材木が組みたてられただけの家の前の地べたに彼は坐りこんだ。

よく晴れた日で、大工が釘を打ちこむ景気のいい音が、バッケ(ふきのとう)が萌えだした春の原野にひろがっていった。一階に五部屋、二階に三部屋、たしかに大きい家ともいえるが、それはけっして土地を手放したカネばかりではない、親戚の大工や左官屋が応援してくれるからできたんだ、と彼は繰り返していった。

その日は息子の定雄さん(37)もやってきていた。契約書にハンをついたのが、昨七〇年三月、ことしの二月に登記となった。たしかに土地は手放したが、千葉のひとが経営する競馬用の「牧場」に使ってもらう約束になっている。畑が四町五反、それに原野が四町、それが田沢さんがもっていた土地だった。

「いまごろ、開発、開発というんだけど、むつ製鉄だのビートだの、開田だのといってもそのときの話だけで、県のいうこときいても碌《ろく》なことはながった。もう三ヵ月待てば、土地はもっとあがっていたべ。売ってしまったのも、運だべせ」

定雄さんは悲運をかこつようにいった。入植したのは一九四八年、小学校を卒業したばかりだった。「ほれ」と彼は右の頰をむけてみせた。耳のわきから頰にかけて、大きくひきつれた火傷の跡が遺されていた。わたしは青森空襲の焼夷弾の中を逃げまどっている小学生の姿を想像した。それは田沢さん一家の、無残な戦後の傷跡のようでもあった。

戦後、この地方で、略農政策を定着させるために導入されたのは、世銀借款による乳用のジャージー牛だった。「異国の花嫁」と喧伝されたジャージー種は、アメリカ、オーストラリアから輸入され、世銀→公団(国)→県→市町村→農協のルートを通ってきた。農協はこの牛を農家に貸与し、農家が借入金の償還を終えて自分のものにする、というものだった。〝脂肪率が高い〟、〝飼料の所要量がすくなくてすむ〟などのメリットだけが強調されて一九五四年から導入され、五年後には県内で四三〇〇頭(上北、下北郡がほとんど)にも達した。これは全国第二位の頭数となっていたが、七一年三月末現在、一六〇〇頭と当時の約三〇%しか飼育されていない。乳牛に占める割合では二七%から七%弱へ、飼育戸数では一六〇戸と最盛期の一〇%に落ち込んでしまった。

寒さに弱い、泌乳量がホルスタイン牛の半分、肉質が悪い、などの理由で農家に忌避され、繁殖させても仔牛の買い手がつかなくなったのである。「せっかく育てて、結局、県に取られてしまった」とこぼす農民もいたが、それはむしろ「世銀」にというべきなのかもしれない。県庁で会った畜産課の担当者は、〝失政〟だったことは認めたが、この失敗も県下の酪農基盤を定着させるのに効果があった、と主張した。行政からみれば、実験が成功すれば個々の犠牲者は問題にならないのであろう。

ビートは、六二年から県が「畑作農家全般の経営安定と所得の向上を図る」ために普及奨励をはじめ、フジ製糖(本社・静岡県清水市、資本金四億円)が三沢市郊外の六戸町に処理工場を新設した。田沢さんも翌年には一ヘクタールの面積の作付をおこない、三〇トン以上の生産者として、本社のある清水市への慰安旅行に招待された。現金収入のすくなかった田沢さんたちにとって、契約栽培によるビートは〝反収三万円〟を期待でき、これからの農業経営にとっての大いなる希望であった。

そのうえ、ビートの頭部は飼料になることもあって、稗、粟、麦の粗放畑作から、大豆、トウモロコシ、ビートの集約輪作型の畑作へと転換でき、それに畜産、それらがここでたがいにあい補《おぎな》い、ようやく経営の安定と生活の向上が見通されたのだった。農林省もまた、甘味資源の開発による砂糖の自給化の狙いから、積極的にビート栽培を奨励していた。

フジ製糖は、農家にたいして、ビートは深根作物であるため、畑の土壌状態を改善する。ビートの後作は二割方の増収となると宣伝していた。

「政府も農業経営改善のための重要作物として、ビート栽培を積極的に奨励しています。皆さまもよくお考えのうえ、畑地の約二割はビートを栽培して、農業経営の合理化をおはかりください」

それが謳い文句だったたし、価格は政府によって保障されていた。そのこともあって、県内の下北、上北地方を中心に、岩手県の北部までふくめた九〇〇〇戸、三五〇〇ヘクタールがビートを栽培したのだった。

が、しかし、五年後の六七年三月、フジ製糖は「貿易の自由化による市況悪化と原料手当を予定通りにできないこと」を理由に、工場閉鎖と地元出身労働者の全員解雇を国、県および労働組合に通告、このあたりでは珍しい長期争議となった。

農民たちは、工場閉鎖によって、一挙に買い手を喪った。

結局、政府がその年の栽培分、四億五〇〇〇万円を支払って買い上げることで結着がついた。が、買いあげられたビートは製糖されることなく、野ざらしにされ、やがて豚の餌として投げ与えられた。

砂糖の原料である粗糖は、六三年から輸入が自由化されていた。すでにそのころ、輸入原料は一五〇万トン、それにたいして、国産は北海道、東北東部のビートが二〇万トン、奄美などの砂糖キビが一〇万トン、沖縄の砂糖キビが二〇万トンていどのものでしかなかった。フジ製糖がどうであったかを別にしても、砂糖業界はビート製糖を条件にして、より安い粗糖の輸入枠をもらっていた。いわば、ビートは砂糖資本の肥料《こやし》にされていたのである。

転換対策の中心になった「開田事業」もまた、まもなくはじまった減反政策によって行き詰まってしまった。たとえば、「ビート畑の七〇%は水田になった」(三沢市農協)といわれている三沢市の場合、六二年には一一〇〇ヘクタールにしかすぎなかった水田面積は、その後の県営工事などによって、七一年現在、二二〇〇ヘクタールへと倍増していた。

ところが、増加した分の一一〇〇ヘクタールは、そっくりそのまま減反によっていま休耕水田となっている。七五〇戸の開田農家はビートの場合とまったくおなじように、生活を安定させたいために借りて開田に投下した借入金をコゲつかせ、せっかくの希望と意欲は無定見な「農政」に奪い去られてしまったのである。

田沢さんたちの生活そのものだった開拓部落を一括して買い占めたのは柏谷という町のひとだった。彼はひと駅先のむつ横浜駅のそばで呉服屋を経営していた。町のひとたちは呉服屋と呼んでいるのだが、それは洋装店であり、履物店であり、薬屋であり、日用雑貨店でもある、きわめて地方的な小デパートである。

買った土地をなにに使うのか、との問いに柏谷さんは、「やヽヽヽっぱり」といってからしばらく考えて、「やっぱり牧場を経営したい」と答えた。しかし話しているうちに、彼は率直に、「新全総を研究した」。その結果、これからは全般的に土地が不足になると考えた。そして、開発会社が買いにきたら「協力する」と語った。〝思惑買い〟だったことははっきりしたのである。

呉服屋の牧場経営は、文字通り畑ちがいであることも認めた。それは買収が来るまでの〝経営〟なのである。しかしそれでもなお、反当り一〇万円といまの相場の六―七分の一の低価格であったとはいえ、ちいさな町の〝呉服屋〟が、一二〇ヘクタールもの広大な土地を買い占める、一億二〇〇〇万円の資金の出所についての疑問が、わたしにはあった。

「東京の不動産会社がバックについているといわれていますが」

との質問を投げかけると、彼は否定し、五分の一は自己資金、あとは〝友人、知人〟から集めた、と答えた。

「土地買いにきたんですか」

タクシーの運転手や旅館の女中や食堂の女将《おかみ》たちに、わたしはなんどとなく声をかけられた。農家へはいっていくと、不安と期待のいりまじった視線で迎えられた。不動産屋と会うと、なんど断わっても、「いまのうちに買っておけ」と熱っぽくすすめられた。青森県下北半島の起伏の乏しいこのだだっぴろい原野に現われる〝ここ弁でない男〟(土地訛のない男)たちは、それだけで、〝土地買い〟と判断された。このあたりでは、それまで、〝ここ弁でない男〟は、ある種の尊敬の感情で迎えられていた。遠くからきたものは、まだ珍しい存在だった。

七〇年三月、はじめて「陸奥湾・小川原湖開発」の取材でこの地域にきたころ、わたしは一度も「土地買い」といわれることはなかった。ごく普通の旅行者として遇されていたし、遠くからやってきた他所者にたいする土地のひとたちの親切さを感じただけだった。会うひとたちと、「開発」について話し合っても、それはあまりにも先の話で漠然としていたし、

「まだ何もはっきりしていない」と周辺の自治体の代表者たちもまた、当惑した表情で答えるだけだった。

一年ぶりにきてみると、三沢市には不動産屋の看板が目立つようになっていた。八戸空港に飛行機が到着すると、不動産屋らしい人物が客を出むかえている。ロビーにはひろげた地図の上に首を傾けている男たちがいる。六ヶ所村にはいるもうひとつのルートである、野辺地町の大通りにも、やはり不動産屋の看板がたち並んでいる。このほかに、カバンひとつで乗りこんでくる土地ブローカー、「カバン屋」の実態はつかみようがない。

三井不動産にぶらさがって、鹿島開発で儲けた群小不動産屋や鹿島開発での儲けに乗り遅れた一般投資家たちも、土地の品定めにきている、とささやかれている。

東京の団地で配られるタウン紙には、不動産屋のPR記事と広告で一面全部がつぶされている。

〈東北の寒村から一大工業基地へ

一躍クローズアップされるむつ小川原周辺〉

〈あなたも「むつ小川原」の土地をお持ちになりませんか〉

〈一区画(三三〇平方メートル)三三万円より〉

として売りにだされているのは、下北半島の先端のむつ市関根地区の物件である。開発予定地の六ヶ所村からは、はるかに離れている。別の不動産屋の広告は、やはり下北半島の大畑町の土地で、これも「開発」地域とは無関係である。

〈日本の未来を懸けた工業開発
——むつ・小川原——〉

この広告を住宅専門紙にだしている会社が、「むつ小川原開発株式会社」である。国と県と財界一五〇社が設立したばかりの「第三セクター」とおなじ社名だが、本社は東京にではなく、三沢市内とある。

このほかにも、「三菱産業」なる不動産屋も出現して、〈鹿島工業地帯の約七倍、日本最大の石油鉄鋼コンビナートが誕生〉との広告をだした。三菱のスリーダイヤのマークまで使っているのだ。が、三菱グループとは無関係と、本家の三菱商事から訴えられている。

クルマで内陸部の丘陵地帯を走ると、背の低い、痩せこけた頼りなげな松林のあちこちに、土地を買い占めたことを誇示するかのように、不動産屋の看板があらわれる。ときどき、すれちがうのは東京ナンバーの乗用車である。得体の知れないブローカーもふくめて、一〇〇社以上が乗りこんでいるともいわれている。尾鮫の村役場のちかくにも、不動産屋が二軒も出現した。

開発ブームの演出者のひとりでもあった『東奥日報』は、こう報じている。中見出しには、〈五年で地価が百倍に〉とある。

〈メーカー各社の新車のオンパレードのような開拓地もある。村内にはつい先日、バーも出来た。旅館もいま新築中。

Kさん(48)の二十年来の夢は、映画やテレビで見るように、にぎやかな場所に出かけ、カッコよく札びらを切ってみたいこと。四月の初め、タクシーを頼んで青森に出かけた。二晩で八万円をきれいに使った。「やっと念願を果たした」とさっぱりした顔。その話を聞きに集まる面々も「青森のなんという店が一番豪華なのか。どうやって行けばよいのか」が最大の話題とか。

一体、どこから札束がやってきたのか。S村議「まず木の葉っぱが金に化けたというしかない」といい、「天から降ってきたようなもんです」ともいう。同村で一昨年八月から昨年十二月までに八百七十二万三千九百九十三平方メートルの山林、原野が売却された。十アール当たり平均二十万円前後。ざっと五億三千万円。売った人は千二百六十人。

村内の所得税対象者は一昨年は十六人。数年前までは四、五人だけだった。それが、この春は一挙に百三十人前後にふえ、上十三《かみとうさん》(上北郡、十和田市、三沢市)のベストテンにはいった人もある。さる十八日から仙台国税局から係員八人が来て、村内の高額所得者を調べて回っている。「木の葉っぱが札に化けでもしない限り……」と、S村議と同じ表現がこの国税局員からも聞かれる〉(七一年五月二一日)

官民一体の「むつ小川原開発株式会社」と同名の三沢市に本社をもつ「むつ小川原開発株式会社」は、三沢市の繁華街からすこしはずれた三沢駅のちかくにあった。

自転車屋でもあったのだろうか、古ぼけた木造平屋の間口の広い店舗を借り受け、「国家的事業」を誇称する身分不相応な大看板を堂々と掲げている。

ガラス戸を引くと、壁には「積極敢為」「困難克服」などと筆で大書されたスローガンが貼られている。

大柄でがっしりした身体つきの伏見社長は「売り上げ目標の五〇億円は突破した。うちだけでも、もう五〇〇町歩は抑えた。年内目標は一〇〇億円」と豪語した。「資金源はどこですか」とたたみかけると、彼は笑って、「ある大手筋がついている、としかいえない、口外できないね」と言葉を濁した。

「うちのような看板（社名）がとれたことで、この開発のだらしのないことが判るだろう」

そばから柳専務が話しかける。彼らにとっては、「日本の未来を懸けた工業開発」も、一幕もののドタバタ劇のようなものかもしれない。

「名義の権利は、うちの仕事に役立つ条件なら譲ってやってもいいよ。うちは名前にはこだわらない」

と社長は余裕を示している。「社名」にはこだわっていない。七〇年一一月に「むつ小川原開発」の名義で、東京都千代田区と三沢市で登記ずみ、という。社員は一六人。そのうち、七〇％は東京出身のベテラン。乗用車のほか、ジープを揃えている。一年前から現地にはいっていたのは、「開発がある、とそれとなく耳にはいってきたから」。いわば鹿島からの転戦組である。

伏見社長は法律事務所に三年つとめ、それから競売専門の不動産業者にいた。一三年の経験がある、という。鹿島以外にも苫小牧、那須高原、などの開発地域でも商売してきたようである。バックにいる大手筋は、「カネはとにかくだすから」といっている、とか。それに個人の投資家の依頼もある。

「まえは不動産屋は野辺地に二軒、三沢に五、六軒しかなかったよ。それがいまでは野辺地に二〇軒以上、三沢では今月だけで一〇軒もできた。もうじき五〇軒になるな。いまが沸騰期だね。ことしは雪溶けになるのがこわかった。雪が溶けると、ほかの業者がはいってくるからだよ」

専務が横から口をだした。

「開発がなければ、百姓はみじめだったよ。いまは昔のように娘は売れない。だから土地が娘の代りだよ。みんなおれたちのような〝救いの神様〟が、なんで自分のところにこないのかな、と思っているんだ」

農家にいくとき、同行させてほしい、とわたしは社長に頼んだ。なん日かして、「じゃ、夕方こいよ」となった。

夜の道だったので、残念なことにどこの部落だったか判然としない。松林がつづく暗い道をクルマは床をこするように揺れながら走って、ちいさな集落にはいった。彼らはなんどかきたらしくて、気安く声をかけて、土間からはいった。

ストーブのむこう側に六〇前後の主婦が坐っていた。寡婦のようだった。

社長はボストンバッグから紙包みと菓子折をとりだした。紙包みは弘前相互銀行のネームがはいった封筒だった。彼はそれをあけて札束をとりだしてみせた。

「これ五〇〇万。きょうは土曜日で、あしたは日曜なんだ。銀行は休みだから、もって帰ってても始末に困るんですよ」

主婦はハッとしたように、あわてていった。

「申しわげねえんですけど、まだ売ることは考えてねえんです。娘が反対してますから」

彼女の話によると、ほかの不動産屋も、二、三軒きている。隣りの山林は、もうどこかの不動産屋に買収された、という。

「じゃあ、またきますから」

社長は現金のはいった封筒を事務的にボストンバッグに蔵いこむと、若い社員をうながして立ちあがった。菓子折は置かれたままになっていた。

黒塗りのクルマにもどると、社長は運転手役の社員にいった。

「一〇〇〇万だす、というのと、税金がかからない方法を考えてやる、といって、もう一回やるんだな。こんどは落ちるよ」

札束で頰っぺを叩くやり方だった。

3　挫折地帯

基地の街・三沢から西南の方向へ約一〇キロ、丘陵地を切り拓いた広大な敷地のまん中に、四階建てほどの奇怪な建物がたっているのがみえた。逆光を浴びて黒々と聳《そび》えている陰気なこのコンクリートの塊りが、四年前の六七年三月、あえなく閉鎖となったフジ製糖青森工場の残骸である。工場敷地、二〇万坪。建設資金、約二七億円、東北本線向山駅から、約三キロの専用線が引かれていた。

砂糖原料としてのビート栽培は、あたかも農家に福音を与えるかのように喧伝され、国の保護と県の奨励策によって、青森県の太平洋岸の農家では、あたかも伝染病のごとくにひろがったのだが、その一方で政府は粗糖の自由化を進めていたのだから、おだてて屋根にあげたあと梯子《はしご》を外す仕打ちといえるものだった。

七一年三月二五日、むつ小川原開発株式会社設立。

三月三一日、財団法人むつ小川原開発公社設立。

民間企業である「会社」の委託を受けて、県機関の「公社」が、用地買収を代行する。いわば、官が民の下請となったダミーである。この買収部隊の本拠地が、工場閉鎖に反対する労組によって一年以上も占拠されていた、旧フジ製糖の廃屋のなかにおかれることになった。

三月三一日、年度末であわただしい仕事の合間を縫って、県職員たちが青森市内の宴会場に集まっていた。公社に出向する職員を送る壮行式がおこなわれていたのである。

竹内県知事、北村副知事、公社の理事長となった菊池剛出納長、専務理事の山内善郎(公営企業局長)など、県庁の幹部たちはほとんど顔を揃えた。それが県の開発に懸ける意気込みをあらわしていた。

「青森県政の命運を決するむつ小川原開発の大事業の成否は、公社役職員諸君の双肩にかかっている」

と県知事が檄を飛ばした。それを受けた菊池理事長の挨拶は、選手宣誓のように悲壮感に満ち充ちたものだった。

「われわれ公社職員は、この開発の意義をよく理解し、用地確保にあたっては、かつての第八師団の精鋭に負けない気概と勇気をもって当りたい」

陸軍第八師団は、弘前《ひろさき》市にあって、旧満州(中国東北部)へ出兵した部隊だった。ちなみにいえば、開発の最高責任者になった県職員は、のちにこう書いている。

「かつて、公社が発足した当時、県庁の機構上からこの公社は、関東軍の再来ともいわれたものであった。事実、この関東軍は関係者の期待にたがわず、強固な団結力と行動力をもって勇猛果敢に戦った精鋭部隊であった。そして県政の最重点施策であった、むつ小川原開発を推進する先兵として幾多の困難と障害を打破り、見事にその重責を果されたのである」(むつ小川原開発株式会社、樋口栄一常務)

農民は、いわば「匪賊」だった。

フジ製糖の亡霊ともいえる廃屋の二階。公社の事務所で、山内善郎専務理事に会った。公営企業局長だった彼は、県知事から直接の命令を受けて、青森から着任したばかりだった。

――いまどんな仕事をしているんですか？

「具体的にはまだ、外にたいしての発動は、仕事は、全然していませんわな。三月三一日に発足して、青森に理事長をおいて、理事長への連絡を受ける理事長室に四人ばかり。こっちは県からの七一人に、開発株式会社からの出向が二五人、ぜんぶで九六人かな。これは、五日(四月)の日にこっちへ集結しましてね」

――それで、なにからはじめるのですか。

「今年度は、調査にかかる予定です」

――調査とは？

「いちばん先にやるのはですね、法務局の出張所にいって地権者のリストを探します。つぎは各部落ごとのいわゆる説明会。それが終わって、地権者の了解をえた段階で、一筆調査をします。各自の持ち分の境界をはっきりさせる。それがずいぶん手間がかかる。御承知のように法務局の台帳に記載されてる面積なんていうのは、実際よりすくない場合が多いわけですね、そういう境界をはっきりさせて、測量まで場合によってはやる。それがおわったらこんどは地上物件の調査です。たとえば立木、それから家屋の全物件、その建物、それから権利関係、公共権、公用権とか、そういうものの権利関係の調査もします、全部。そのあと、いわゆる農家の、地域住民の経済調査っていいますか、そこの方々がいままでどんな仕事をやって、年間どのぐらいの所得を得たか、個人別に洗わないかんです」

――移転対象農家は四〇〇〇戸、一万五〇〇〇人、といわれますが、本当にやるんですか。

「ええ、約四〇〇〇戸といわれてます。個別ではっきりしてきます。いままで所得がいくらあったということで補償関係の算定ができる。そういう調査を約四〇〇〇戸。面積は約三万町歩すこしきりますが、二万九三〇〇ヘクタールでしょうか。約三万ヘクタールの全面積にわたってやりますからね、いまの人員ではとても大変なので、代替用地部はいま四三人ですが、その倍ぐらいを要望しているわけです」

――県の職員をもってくる？

「これは、開発会社からの出向をいちおう期待してます。県と同数ぐらいやってくれって要望してるわけです。しかし会社としては土地買収が終わった段階で、人員の整理の問題がありますから、県よりすくないかも……。これは会社と折衝しなけりゃ」

――東京の人間を、ですか。

「いえ、地元で新規採用、いわゆる土地勘のあるひとを、そのなかで会社の職員として採用してもらって公社に、県とおなじくしようと、正職員として」

――不動産屋に先をこされないように、公社をつくったのですね。

「基礎調査に一年間かけて、来年になったらいっせいに出発をし、全部に網をかければいいんじゃないか、とわれわれは。しかしいまいわれたように不動産屋がどんどんこのへん歩いているのにね、一年も待っておったらいかんじゃないかと、そういう意見も当然あるわけですよ。ただ、なんにも基礎調査ができないうち土地買収の交渉にはいるとなれば、部分からかたづける構想になっちゃう、いっせいにやらないで。そうするとこっちやってるうちにこっちやられるともうおなじことだもんな、だから部分的に買収をかたづけていって調査と並行するか、それとも、調査をいっせいにやっていっせいに買収するか、どっちがいいのかですね。これは来週、開発会社側の、大手の土地会社の経験のあるひとが来るわけだから、いろいろ意見をきいてやりかたを決めようと」

——開発会社のどういうクラスのひとですか。

「専務取締役……」

——三井、三菱地所の？

「いや、開発会社の重役になっているひと」

——でも、メンバーはおなじでしょう。

「そう、三井不動産から出たひとと三菱地所と、もうひとりは東北電力かな、この三人」

——ブローカーに先に買わせたほうが、楽だ、という意見もありますが。

「そういう見方もあります」

——鹿島方式にたいして、青森方式といわれてますね。

「青森方式ってのは、ほかに転換するんだから、農業なんて考えなくてもいいだろう、というような考え方があったわけですよ。ま、やはり、あるていど、きめこまかい住民対策といいますかね、そういう考えもあるんです」

——かなりの農民に抵抗がでる、との見通しがある？

「抵抗といいますか、もちろんぜんぶ賛成してくださるとは思っていません。んでも組織的に反対はでないんではないかと、ま、楽観的といわれればそうですが。どういう対策を県や公社が考えても、わたしはここを立ち退かないという反対はないんじゃないか。条件がよければ協力しましょうということはいっていただけるんではないかと、これはわたしの希望的観測で」

——「開発地域」のなかでの、豊かな地域とはどのあたりですか。

「だいたい野辺地。六ヶ所でも、青森県の酪農としては堅実な酪農がある地帯なんです、それをどうするかですね、われわれとしてはそういうところをかならずしもぜんぶ立ち退いていただいて工場地帯にしなくても、あるていど残ってもいいんじゃないかと」

——代替地の候補地なんてないんじゃないですか。

「あるようですよ。地域外の土地がぜんぜんないというわけではない」

——しかし、三万ヘクタールは無理でしょう。

「代替地をもらったひとが農業をやっているかどうか、鹿島の例をみましてもね。わずかに儲かる仕事があればそれでいいんですからね」

──結局、開発プランは誰が握っているんですか。

「いやぁ、いまのところは県の開発課の素案みたいなもんじゃないですか。これから、シンクタンクをつくってやるんだと。ここにくるまえまで、二万九三〇〇ヘクタールの線引きなんてものはあるていど固まったもんだと思ってたら、てんでそうでねえのさ」

──工業立地センターの計画が基本でしょう。

「そういうことでしょう。それを通してそういうものがでてるんでしょうな。そういうものが固まってから土地買えばいいんじゃないかと、(開発)会社の幹部なんかおっしゃる。ま、いいわけじゃないが、そういう考えじゃないかというようなひともあるみたいで」

──成功しているのはブローカーたちで、三井系の内外不動産がいちばん大きいんでしょう。三菱地所系は、なしというとこですか。

「わたしはよくわからない。あなたのほうがよく知っているでしょう」

──三菱系はどこですか。

「二十なん社がはいっているって話にはきいているが」

──三菱地所のほうが、情報の精度がいいようですが、どうしてでしょうか。

「その辺はわたしはよくわからないが、業務部長(開発会社常務)がいままで三菱開発にいたから、だいたいの見当がついているんだろうな、でも不動産業者の動きはあまり県は具体的につかんでないな。実際に登記されているのはわずか一六〇〇町歩ですよ、非常にすくない、三月のなかごろの数字で。実際はね、動いているのは、その三倍ぐらいあるんじゃないすか」

農地買収部隊の拠点が、かつての農民の夢の殿堂ともいえた製糖工場の遺跡であり、「関東軍の精鋭」を自称している部隊が宿泊しているのは、米軍のベトナム撤退によって空屋になっていた、三沢市内の米空軍用ハウスである。

山内善郎専務は、かつて開拓課長として酪農経営にハッパをかけていた六ヶ所村で、こんどは攻守逆転、その農民たちを土地から追いたてる責任者となった。

彼が率《ひ》き連れてきた部下は、開拓営農指導員、農政課員など、それまで農民との接触が深い職員が多かった。「現地に馴染みの深い職員をあてる」というのが、かつて農民運動にも加担していた竹内知事の方針である。この方法は、六ヶ所村の北隣りに位置している東通村で、県職員が東京電力と東北電力の原発用地の買収を請負って成功した経験を踏襲したものである。

六五年五月、東通村は「原子力発電所設置についての請願書」を村議会の満場一致で採択した。県議会に提出された請願書の趣旨は、

「未開発地区として残された、下北郡開発の重大要素として且《かつ》又本県東部地区開発発展の条件として、豊富な電力の供給源を確保することが最も重要なことであると確信するものでございます」

というもので、これはその前年の一〇月、通産省の調査によって、「原発建設適地」として認められたのを受けてのことであった。

七〇年、新年の仕事がはじまったばかりの一月五日、竹内知事は記者会見をおこない、第二原子力センターの建設地として東通村が内定した、原子力産業会議(菅礼之助会長)から、用地の先行取得を要請されている、と発表した。青森県にとっては、前年五月の「新全総」発表につづく大ニュースである。

第二原子力センターは、茨城県東海村の後継地として、原子力委員会が用地を物色していたもので、新全総発表のころ、有沢広巳原子力委員長代行が、むつ市の原子力船定係港を視察したあと東通村をまわり、第二原子力センターの第一候補地として、県と折衝していた。

二月二四日、竹内知事はふたたび原子力について記者会見した。彼は平井寛一郎東北電力会長、田中直治郎東京電力常務、松根宗一原子力産業会議副議長と会談し、東京、東北電力が共同出資し、東通村に日本最大の原子力発電所をつくる、と決定した。用地買収は県が担当する。そのためただちに土地の調査をはじめる、というのが記者会見の内容だった。

しかし、奇妙なことに、東北電力の鈴木原子力推進本部長(常務)は、原発の建設計画などかたまっていない、平井会長もそんな発言をしていないといっている、と知事の発表をうち消した。東北電力では原発立地を、宮城県女川《おながわ》町のあと福島県浪江、新潟県角海《かくみ》浜に構想していて、東通村には立地予定なし、というものだった。ただ彼はそのとき、「大がかりな電源開発に乗りだす際は、当然、東京電力などと共同開発、広域運営になる」と語っているので、この東北電力側の発言を有沢発言と重ね合わせてみると、知事と平井、田中、松根会談の中身は、原発ばかりではなく、それ以外の原子力施設(東海村につづく第二再処理工場など)の建設と考えられる。

むつ小川原開発のなかで、重要な位置を占めているのが、東京電力と東北電力である。東京電力の木川田一隆会長は、むつ小川原開発株式会社の発起人のひとりであり、東北電力は平井寛一郎会長が発起人であるばかりでなく、三井不動産や三菱地所とともに現地駐在の役員を派遣している。さらに同社は、東北経済連の会長会社であり、その事務所を社内におくほど東北の開発に影響力をもっている。

いま計画されている「巨大開発」は、鉄鋼(原子力製鉄)、石油精製、石油化学、アルミ精練など、電力多消費型産業であるが、東通村に建設が予定される巨大原子力センターの狙いは、その需要を賄うと同時に、原子力開発の拠点とも想定される。

七〇年六月二五日、竹内知事は東京、東北両電力と東通村の原発建設用地の買収取得協定に調印した。東京電力の四七八万平方メートル(四七八ヘクタール)、東北電力四一二万平方メートルを県が委託買収し、七一年一二月末までに引渡す、というものである。

こうして、民間大企業にとって、もっとも困難で汚ない仕事ともいえる用地買収を、県費と県職員と行政権力を使って県が実施することになった。

東通村役場は、全国でも珍しい例だが、行政区域を越えて隣りのむつ市にある。太平洋と津軽海峡があい交じわる下北半島の先端、尻屋崎を抱えたこの村は、南北に伸びるばかりか、鍵型に東西にもひろがっている。それらの地域に至る道路が、むつ市を起点としているため、便宜上、隣りのむつ市に役場を置いた、と説明されている。

坂の上にある村役場は木造で、靴を脱ぎスリッパに履き替えて事務室にあがる。川畑義雄村長は戦前は収入役、戦後の四七年から一八年も助役を務め、六五年から村長。いま二期目の半ばにいる。

はったりをまったく感じさせない、地味な語り口の川畑村長によれば、六年前の六五年、村議会が原発誘致を決議したのは、そのころから「下北開発」が話題にのぼりだしていたので、先に決議しておくと動きやすい、との考えがあったから、とか。隣りの六ヶ所村でも、沼田村長が原発誘致を熱心に主張していたころでもある。

対象地域は、北から小田野沢、南通《みなみどおり》、老部《おいつべ》、白糠《しらぬか》と四地区の六キロの長さにわたり、太平洋岸から陸に一・五キロの幅である。地権者は約五〇〇人、このうち、反対しているのは、小田野沢で一五人、白糠で一四、五人の三〇人たらず、中心にある南通の二〇戸は、全戸立ち退きになる、と彼は事務的に答えた。

「反対している理由は、なんですか」

そう問いかけると、村長はたいしたことはない、といったふうに、「値段が安い、とゴネているのと、公害問題ですな」とこれまたいとも簡単に答えた。

村長の話によれば、土地の値段では、かなりもめてきたようである。知事が、東京、東北両電力と買収委託協定に調印したのは七〇年六月二五日だが、そのまえの五月上旬には、県らいている。

の「陸奥湾小川原湖開発室」(室長、富田幸雄企画部長)の幹部がやってきて、地区座談会をひ

東通村では、その一年前の六九年四月、各地区の代表者三人ずつと各地区出身の村議一〇人とで「原子力発電所対策協議会」をつくって受け入れを決めていた。県側が提示した価格は、水田(反当)で二五万円、畑一二万円、原野四万円、海浜四万円で、住民の期待に肩すかしを食わせた形となった。これは宮城県の女川《おながわ》地区の水田七五万円の三分の一で、まして女川の場合は、さらに補償金や協力金をふくめると、一二五万になっていたから、総額では五分の一にすぎない。

七〇年七月、白糠漁協会議室でおこなわれた第一回買収交渉には、川畑村長も出席していたが、この価格が提示されると、農民たちは反発、県職員たちは、「お前《め》だちは、会社の味方だか、それともおれだちの味方なんだか、どっちだバ」と追及された、という。

そのあと、北村副知事は、つぎのような談話を発表した。北村は明治維新後、薩長に追われてこの地へ転封させられ、「斗南《となみ》藩」を形成した会津藩の子孫である。

「東通村が現在の価格に固執するかぎり、絶対に交渉に応じない。六ヶ所村からは積極的な働きかけがあり、適当な期間をおいて交渉をはじめる考えだ」(『日本経済新聞』東北版、七〇年八月一日)

官営八幡製鉄の進出のときから使われた進出する側の陽動作戦である。はじめにまず、カ

ネをチラつかせ、反対すると、ではよそへ行くから、と動揺を与えて反対運動を分断する、それが常套手段である。

北村など県の幹部たちは、これから六ヶ所村での買収を控えていることもあって、すこしでも安く抑えたかった。が、東通村の農民たちは「女川並み」を当然のものと考えていて、要求額は水田一一四万円、畑六〇万円、原野四〇万円だった。

北村副知事は、予定地の変更案をあっさりひっこめて、それまでの提示価格の倍にする第二次案をだした。用地をどこにするかは電力会社の方針というものであって、県が決定するものではなかった。七〇年一二月に、いっさいの補償をふくめて、水田五七万円、畑三二万円、原野二二万円と住民の要求額の半分に抑えて妥結させた。川畑村長はこういう。「開発という大きな目標のためには、安くてもしようがないですな。これで我慢してくれ、と地主を説得しました」

——これからの農民生活はどうなるんですか。

「原発建設は雇用確保のためです。建設がはじまれば、村のひとも〝人夫〟にでられるし、それが一〇年つづきます。だいたいこのあたりは出稼ぎで、まあ半年は東京方面へでていってますから、出稼ぎの解消になるんです」

——原発の危険性については、どう考えてるんですか。

「むつ市にくる原子力船も放射能がなくて安全だ、といわれてます。海水が熱くなることはあっても放射能はないそうです。その熱い排水をただで捨てるのはもったいないので、塩を取ったり、熱湯でアルミなどの関連企業もさかんになるそうです」

川畑村長は、手放しで村の繁栄を信じこんでいる表情だった。

村役場のあるむつ市は、陸奥湾岸にあって、かつての日本帝国海軍にひきつづく自衛隊の軍港である。ここからいくつかの山を越えて、六ヶ所村の泊部落へ南下するバスが走っている。

狭い山道を越えてバスが小田野沢の集落に突き当ると、家並が切れた街角から不意に白い海がみえる。深く沈んだ陸奥湾とはちがって、荒い波が打ち返している。むつ市から小田野沢まで一五キロ。小田野沢から南通、老部、そして六ヶ所村泊に至るほぼ一五キロの海岸通りの道は、いまでこそバスでまたたく間だが、かつてここを通りすぎたひとたちに強烈な印象を与えた交通の難所だった。

一七八八（天明八）年、幕府巡見使に随行して津軽半島から松前（北海道）に渡り、むつ市を経てこの道を通過した古川古松軒は、つぎのように記述している。

「小田の沢より泊り浦まで三里半、浪打ち際の浜辺にてようよう往来せることにして、道と称すべきにはあらず。この日は風も吹きて、東海一面に鳴ること千万の雷《いかずち》のごとく、大浪馬前に立ちあがり、岩打つ浪の煙一丈も二丈も空にちりて、雨の降るごとくに頭上に落ちてみなみな衣をひたし、日本の内とはさらに思われず」（東洋文庫版『東遊雑記』）

古松軒たちが通りすぎたのは夏だった。にもかかわらず、「何のゆえにて御巡見使は古よりもこの所の御通りはあることにやと、みなみなつぶやきしことにて、人足に出でし二、三里外の者も、聞き及びしよりも難所なりとて、十方《とほう》に暮れし体《てい》なり」と一行からは悪評紛々だったという。

言葉もまたチンプンカンプンで、一〇のうち二つ三つしかわからず、盛岡からついてきたふたりの通辞でさえ理解できないこともあった、と彼はいささか冷やかである。

これにくらべれば、五年後におなじ道を通った菅江真澄は、寄るべなき旅人としてひとびとの保護を受けながら民泊していたこともあって、はるかにやさしい筆致で描写している。真澄が通過したのは、前にも述べたように、厳寒の一一月だったが、彼は積荷を積んだ牛にまで心をかける余裕を示している。描写されているのは、白糠から泊にむかう山道の情景である。

「物見崎、屏風岩などを見ながら過ぎて、次左衛門ころばしというところにかかったが、そういう名の人がむかし落ちたということである。そこをなかほどまで行くと、柴のかけ橋がわたしてあり、まるで空の雲をふむような心地がして、木曽路のほかに、世間にこのようなところがあるとは思いもかけなかった。渡って行くのがまことに危険で、渚からの高さはどれほどであろうか、はるばると見おろす大岩の下に雪に埋もれているまき(ヒノキアスナロ)の梢は、ちょうど雪の下草などのように小さく見え、下枝に波のうちよせる風情がかくべつであったが、眺めわたすと目もくらみ、足もうくばかりであったので、そっと渡った。

物見崎灯台，泊街道（撮影＝島田 恵）

ここを過ぎてゆくと、また坂があり、その名を岩石《がんせき》おとしという。つねに水があふれ流れるのであろう、それが水晶をはりわたしたように凍ってすべり、あるいて行くことはとうていできない。そこで牛追いや木こりらも集まってきて、牛の積荷の綱をとき放し、腰にさげていたこだし(編袋)のなかから灰をとりだして氷の坂にまき散らし、まきちらしして下った。そして手ごとにとびくちで氷面をうちやぶり、段をところどころにつけて足場をつくり、ふたたび坂をのぼっていって、たくさんの牛を追いおろす様子は、下から見あげていると、その危さはたとえようもなく恐ろしく、寒けがした。たくさんの牛もどれほどかつらい思いをしたであろう。冴えかえる寒い空の下で玉のような汗をながしながら、ようやくくだり終えた」(東洋文庫版『菅江真澄遊覧記』3)

この泊街道は松浦武四郎の『東奥沿海日誌』や伊能忠敬の『測量日記』にも登場する。戦前、そして戦後、この道を北海道やカムチャツカのニシン漁場を目指す「ニシンの神様」と呼ばれたヤン衆(出稼ぎ者)が、薦《こも》巻きの布団包みを背負って、蟻のように歩いていった。

春泥に躓《つまず》き重ね泊街道《みち》　相ヶ瀬水啼

白糠漁港を右にみて、くの字型に大きく曲ったオッツケ坂を登り切ると、杉木立の下に物見崎のちいさな灯台の白が海に映え、晴れた日には、弓状にどこまでも伸びる海岸線のむこうに、尻屋崎が遠望される。白波が静かに嚙むこの気が遠くなるような長大な海岸に沿って、東京電力、東北電力が一一〇万キロワットの原発を各一〇基ずつ、合計二〇基も建ち並べようとしているのである。

南通部落は、原発地帯のまん中に呑みこまれ、全戸立ち退きを強いられている。

「ムシロ小舎をつくって、南部鉄瓶にジャガ芋を入れて食った」

敗戦直後の四七年、南側の老部から入植した馬場勝雄さんはそういった。ここもまた手起しの開墾だった。一〇戸の入植者がようやく落着いた五三年、北側の小田野沢から一〇戸入植して二〇戸、南通の部落が形成された。

県から買収にやってきた開発室の佐々木副参事は、開拓課にいて馬場さんと顔見知りだった。そのころには、水を曳くことに成功して畑作から水田に転換していた。一本一本の雑木を伐り倒し、根っこを引っこ抜き、文字通り血のでるような苦闘の末にやっと摑んだ美田だった。ようやく一息ついていた。

はじめは二〇戸とも、買収には反対だった。これまで長いあいだ苦労してきた、その感情があった。

「なんでもカネで解決しようというやり方が気に食わなかった」

という馬場さんは、対策委員を辞任した。筋を通したかったからである。

原発誘致は村議会の決定だったから、村長、村会議員が圧力をかけてきた。買収価格の最終案である水田五五万プラス二万円は、村長の斡旋案だった。一戸当り三反の原野と二反の宅地を村有地から代替地としてだす、となって一二戸が妥協した。いま売らなければ、代替地はやらない、との脅しに屈したのである。残る八戸も、おんなや子どもたちが留守を守っていたときに、ちょっとミトメを貸してくれ、といって承諾書にハンをつかせたり、いつまでも反対していると先に売ったひとの迷惑になる、といわれて切り崩された。残っているのは二戸だけだった。

なんか月かたって、再訪してみると、もう一戸も落ちたばかりだった。

そこの家へ行って、割烹着姿の主婦と立ち話をしていた。と、彼女はつうっと軒先の端のほうへ身を移して、うずくまった。

「誰が悪いんだか知らねえけんど、こういうこと(原発)はこなければいいのに」

泣きじゃくりながらいう。

「男たちは出稼ぎにいけばいいけんど、女たちはこれからなにをするんだがさ」

女のほうが、土に根をはやして生きているのである。

馬場さんも元気がなかった。

「おれはいちばん最初にきたんだから、いちばん最後まで残って、跡始末するべ」

諦めた表情だった。

「子どもや孫のためにはたらいてきて、これでカマド壊《け》してしまう(破産する)べな。二反の土地でどうして百姓やれるガシテ。これからなにするったって、まだなんも決まってねえ。東北電力だの、東京電力だのばかり儲げるんだべ。莫迦臭《バクセ》い」

彼もまた明神平の開拓部落から追われた田沢さんと、おなじセリフをいったのだった。

むつ市から東へすすんで横流峠を越え、小田野沢に到達して右に折れ、太平洋に沿って一気に南下し、六ヶ所村、三沢へとむかう巡見使道は、泊街道をもふくめて「北浜街道」と総称されている。飢渇風《ケガツかぜ》と呼ばれている偏東風《ヤマセ》が海霧をともなって海岸から襲ってくると、初夏でもこの一帯はじわじわと冷気に包まれ、ひとびとはあわててストーブに火をいれる。凶作の最大の元凶であり、視界を奪って船舶の海難事故をまねく。漁師たちは「ヤマセが吹けば煮ている魚も逃げる」と、この時化の前兆を忌み嫌っている。日本海とはちがって冬でも雪のすくない地帯とはいえ、ときには地吹雪によって、一メートル先でさえみえなくなったりする。

南通りから南下し、老部をすぎると下り道になるのだが、白糠の港へくだる手前のちいさな峠の上に、ちいさな油屋がある。玄関から長い土間を通り抜けた突き当りが、伊勢田操さん(51)の事務所になっていて、長い顔に眼鏡をかけた主人が坐っている。

東通村議会が原発誘致の請願書を満場一致で採択したとき、彼も議員のひとりとして賛成した。というより、むしろ熱心な推進派だった。

「地域開発のためにいいもんだと思ってましたジャ」

原子炉から排出される熱を利用して、東通村に無尽蔵にある砂鉄を原料にした製鉄工場ができる。パイプをひけば道路の除雪が簡単である。県の職員がそういって、真面目に僻地の発展をねがう議員を喜ばせた。

が、伊勢田さんは、電力会社に連れられて、女川、福島、東海などを視察して、利根川二本分といわれた温排水をみたり、パイプにカキなどの貝類が付着しないように、薬品を流したりすることを知ってから、疑問を感じるようになった。

そのころから土地買収も急ピッチですすんだ。彼は反対するようになっていたが、まわりを買収されて、彼の土地だけがまるで島のように孤立してしまった。囲い込み《エンクロージャー》である。「ヘリコプターで畑へいくのか」と県の職員にからかわれ、ついに手放した。その代り共有地は絶対死守する、と決心している。

東電、南側の東北電力にまたがる、約一二五ヘクタール(地主八一人)の共有地のなかで、伊勢田さんをふくめた三人が絶対反対の態度をますます固めている。

もうひとりの地主である花部さんは、「銭カネの問題ではない。あとの人間がどうなるかという問題だ」といい切っている。この共有地のほかに私有地でもまだふたり残っていて、隣り部落にもふたりいる。白糠漁協(組合員四七〇人)が漁業権放棄を決議することなど、考えられない。ここは六ヶ所村の泊とならんで、太平洋岸の漁業の拠点である。

白糠漁港の前、オッツケ坂のすぐ下に住む高嶋徳次さん(47)は、なかなかの理論家で、

「原発はブレーキのない欠陥車だ。カマドを壊《け》すような企業をもってきてもしようがねえ。県職員はバクロウみてえな奴らだ」

と批判する。彼もまた伊勢田さんとおなじように小型船の船主である。工事がはじまったら、もう漁業は駄目になる、と見通していう。

「女川では土地買収に三年かかったが、ここは三ヵ月でみんなハンコをついてしまった」

土地を買収しても、漁協が漁業権を放棄しなければ、原発は建設されない。伊勢田さんは、反対の会をつくろうと考えているし、わたしが会った青年団の幹部もおなじことをいった。

（撮影＝炬口勝弘）

いま建設計画が具体化している原発予定地で、もっとも反対闘争が強固に展開される可能性をもっているのが、この下北原発予定地である、といえる。

白糠では原発の学習熱もたかまっている。これからどんな冷たいヤマセが吹きつけたとしても、ここの原発反対闘争はますます熱くなるであろう。

通産省の立地指導課の話によれば、むつ湾小川原湖地区を想定して作成したという、大規模モデルコンビナートの生産規模は、二〇年後の稼働初期だけで、鉄鋼二〇〇〇万トン(年産)、アルミニウム五〇万トン、銅、鉛、亜鉛七二万トン、石油精製日産一〇〇万バレル、石油化学一〇〇万トン、電力一〇〇〇万キロワット、と現在のコンビナートの二—三倍のものになっている。

工場張りつけの最終決定は、これから通産省を幹事にして、経済企画庁、運輸省、建設省などの各省協議会で検討し、閣議決定にもちこむ、としているが、この遠隔地大規模開発は、そのまま、原子力コンビナートになると予想されている。

通産省の「原子力コンビナート構想」以外にも、新全総の具体化を検討して来た国土総合開発審議会の総合調整部会は、むつ小川原地区を中心とした「北東地域」の開発について、「広範な原子力の利用」を示唆している。さらに三井グループは小川原湖周辺に、一九八〇年ごろまでの第一期計画で三千数百億、最終的には五〇〇〇億円を投入して、原子力発電所、石油精製、アルミ精錬のコンビナートをつくる計画をもっていて、東京電力、東北電力などに協力を呼びかける予定、といわれている(『東奥日報』七〇年四月一六日)。

さらに、鉄鋼協会や八幡製鉄と富士製鉄を合併させたばかりの新日本製鉄は、原子力製鉄所の立地構想をうちだしている。この構想について、わたしは『中央公論・経営問題』の編集部を通して、稲山嘉寛社長に取材を申し込んだが、秘書課から「その件について話すことはない」と拒絶された。

青森県と原子力の関係は「むつ製鉄」の問題にまで遡《さかのぼ》る。

むつ製鉄は、六三年四月一日、政府出資の国策会社である「東北開発会社」が八〇%、三菱系四社(三菱製鋼、三菱鋼材、三菱鉱業、東北砂鉄鉱業)が二〇%出資して設立された。資本金五億円、社長には、三浦政雄三菱製鋼社長が就任した。下北地方を中心に六七〇〇万トン埋蔵されている、と推定される砂鉄を原料に、特殊鋼ビレットを生産する会社である。

太平洋と日本海をむすぶ津軽海峡は、軍事上の重要地点であり、下北半島は長いあいだ、要塞地帯として開発からとり残されてきた。県議会は、五八年、「砂鉄の精錬はもとより製鋼に至る一連工業の建設は、国の経済政策的見地からは勿論、東北開発促進の主意から最も緊急を要する重要事業と認められるものである」との工業誘致に関する意見書を議員全員によって議決、経済企画庁に陳情している。

その前年に再発足したばかりの「東北開発会社」(伊藤保次郎総裁)は、砂鉄事業を基幹事業にしようとしていた。同社は一九三四年の冷害のあと、東北地方での工業生産をたかめるために設立された「東北興業」が前身で、石灰石、木材、天然ガス、甜菜糖などの生産を計画していた。五億円の予算で企業化調査をおこない、むつ市に砂鉄を原料とした銑鋼一貫工場を建設することにした。

経済企画庁は、東北開発が砂鉄事業をおこなうために、六一年度に一七億円の予算を計上した。こうして、事業化がはじまることになった。計画では、第一次で年間一二万トンの砂鉄銑を外販、第二次で製鋼、第三次でようやく圧延にはいる、というものであった。

東北開発はさっそく県にたいして用地確保、港湾整備など九項目にわたる協力事項を要請した。そのなかには現地労働者の確保についての斡旋、固定資産税の免除などもふくまれている。また大蔵省にたいしては、国有地の払い下げを申請し、六万六〇〇〇坪を坪当り六八九円で取得している。こうして、国、県、市の全面的なバックアップによって、砂鉄事業がはじまることになった。

が、しかし、六二年三月、経企庁が鉄鋼業界を管轄している通産省に砂鉄事業について照会したのにたいして、二ヵ月後に回答された内容は、さほど芳しいものではなかった。

そこには、技術面では、砂鉄精錬事業はかなり高度な技術を必要とする。鉄鋼に素人の東北開発では無理である。販売についても、特殊鋼需要はふえるにしても、高炉または電炉による生産に移る傾向があり、既存業者との競合はさけられない。だから直営事業形式はむずかしく、既存メーカーとの合弁、もしくは連携が必要である、などと書かれていた。

このころ、傘下に東北砂鉄鋼業(八戸に工場)をもつ三菱グループは、砂鉄を原料とする銑鋼一貫生産の研究をすすめていた。

乱脈な経営が批判されていた東北開発と鉄鋼業界に足場が弱い三菱グループは、六二年七月、ともかくも「覚書」と「諒解事項」の締結に到達した。その内容は、三菱側が工場建設の計画と稼働にたいして技術援助し、製品取引きについても協力提携する、という半身に構えたものでしかなかった。

そのあと、経企庁は、堀越禎三経団連事務局長、中山素平興銀頭取、石原武夫電気事業連合会理事長、伍堂輝雄日経連専務理事による「四人委員会」にもちかけ、その意見によって、四ヵ月後の六二年一一月、再度の「諒解事項」が締結される。これによって、ようやく三菱の資本参加が決った。当初約二〇%、「但し、将来逐次高めて行くよう努力する」とある。努力する、とは責任をとらない日本的表現である。

こうして、国策会社である「東北開発」と日本最大の財閥グループとがもたれあった大事業が、下北の地ではじまることになった。それまですでに国が一億四六〇〇万、県が三億七五〇〇万、むつ市が一億五五〇〇万、合計六億七六〇〇万円（『むつ製鉄問題経過概要』〈資料編〉六五年二月、青森県）もの資金が、港湾整備などのために先行投資されていた。といっても、工場労働者数は八七名にすぎず、鉄鋼業界では零細電気炉メーカーの規模でしかなかった。

その一方で、三菱製鋼は八幡製鉄を中心にした、愛知製鋼、特殊製鋼、日本特殊鋼らと特殊鋼メーカーによる「木更津計画」にも参加していた。

これは千葉県の木更津市の埋立て地に、五社合弁で特殊鋼の量産工場(資本金五〇億円)を建設しようというもので、所要資金は一八〇億円、年産二〇万トンと、むつ製鉄の六八億円、一二万トンの規模をはるかに凌駕するものだった。トン当り単価は、むつ製鉄の計画よりも、一〇〇〇円―二〇〇〇〇円ほど安くすむ見通しだった。

時代は転炉製鋼法の普及によって、あえて電炉を設置しなくても、高炉からでも特殊鋼が生産されるようになっていた。皮肉なことに、鉄鋼業界は不況をむかえ、「木更津計画」の参加企業である愛知製鋼は脱落、日本特殊鋼は会社更生法申請の事態となり、この計画もまた不発に終った。

「木更津計画」が打ちあげられてから、三菱グループの態度は冷やかなものになっていた。六四年一一月一一日、三菱鉱業大槻文平社長など三菱グループの四社長は連名で、東北開発の伊藤総裁に「親展」を冠した文書を送付した。

「三菱グループとしては事業の国策的意義に鑑《かんが》み技術援助の方針を定め」たが「経済ベースに到達し得ない事が明らかとなった次第であります」、「大幅にコストが低減した時点では……採算ベースにのりうるかと考えますが、現段階においてはむしろ国家的見地より之が研究開発こそ、政府の強力なる援助が必要であると思考致します」

破約を通告する文書にさえ、「国策」「国家」「政府の強力な援助」などの文言を使うところが、三菱らしいところである。結論は、こうである。

「右様次第にて、これ以上にわかに事態の好転を望めませんので、洵《まこと》に不本意ながら、貴職と取り決めましたむつ製鉄㈱にたいする資本参加に伴う技術援助の儀は、此の際御辞退申し上げざるを得ないことになりましたので、右を三菱グループの統一見解と御諒解下され事情御諒察の上よろしく御取計い賜わりますよう貴酬旁々お願い申し上げます」

三菱側は、あくまでも「約束は技術提携だった」ですませようとしていた。資本参加し、社長、副社長をはじめとして、取締役一一人のうち八人までを占めてなお、である。

県議会全員の発意からはじまった工場誘致は、わずか一年半で「幻の製鉄所」となった。竹内知事を本部長とした「青森県むつ製鉄対策本部」は、自民、社会の県選出の代議士全員、共産党もふくめた全県議、それに地元のむつ市長、むつ市議会議長まで網羅して、熱烈に各方面に陳情したが、ついに功を奏さなかった。

「御辞退」の文書が届けられて二ヵ月あとの六五年一月三一日、むつ市では市主催の「むつ製鉄事業実施貫徹市民大会」がひらかれ、ほぼ一〇〇〇人もの市民が集まった。それが見捨てられた期待の大きさを物語っていた。

杉山勝雄市長は、五九年に社会党県議から革新統一候補として市長選に出馬し、当選していた。が、革新では大企業の誘致はむずかしい、として自民党に入党した。これもまた僻地の自治体の悲しさを示している。彼は一年の三分の一、助役は三分の二を陳情のためにあて、市を留守にしていた。

この日の集会では、八〇歳の老人が、「必要ならおらが製鉄所の人柱になってもいい」と叫んだ、とも伝えられている。

「――市民の政治に対する不信の念はいよいよ高まり憤りは沸々と沸きたっている。かかる事態を解決するためには、従来政府においてとられている事務的な対策をもってしては到底不可能であり、今こそ後進地域の開発対策に積極的に取り組むことが絶対に必要である。

よって政府および国会は一日もはやくむつ製鉄の事業実施を認可し、地域住民の懇願に応えるべきである」

これがその日の決議である。

むつ製鉄の産婆役ともいえる経企庁の高橋長官は、「三菱グループが根本的な共同責任を一方的に破棄したものである。許可の根本条件が崩れたこの段階では案をだして検討することはできない。三菱グループの責任は究明する」と語った。が、つまりはそれが、幕引きの合図だった。

六四年一二月末、県選出の四人の自民党代議士と知事、市長の陳情を東京で受けた佐藤栄作首相はこういった。

「むつ製鉄問題については事務的ベースだけで、政治的配慮に欠けていたことは認める。いまここで結論をだすことははやいが、検討をつづけることは約束する。しかし、むずかしいことである」

巧みないい逃れである。住民の熱烈な期待は、一炊の夢に終った。

このときの教訓とは、開発とは資本の一方的な都合だけでやってくるものであり、たとえ住民が請願、陳情をくり返し、はては地団駄踏んで口惜しがったとしても、〝経済ベース〟だけに従って、さっさと帰っていくものであることがはっきりしたはずだった。が、現実はそうはならなかった。いちど煽られた開発の夢はおのずから膨れあがったし、政治家たちはその〝失政〟を繕《つくろ》うためにも、なにかをもってくる必要があった。

海軍施設部の集積場として、資材の荷揚げに使われていた埠頭は、戦後、国策会社「東北開発」に払い下げられていた。三菱に逃げられ、紙に書かれた製鉄所がその上にたちあがることのないまま、二年の歳月が流れていた。

ある日、竹内知事のもとに、内閣官房長官の二階堂進から電話がかかってきた。横浜の飛鳥田市長から断わられた原子力船を引き受けてほしい、との要請だった。

政府が原子力船の母港を、むつ市の旧軍港跡と決定したのは、それからしばらくたった六七年九月五日である。杉山むつ市長は、「産業基盤の造成のために」として引き受けた。開発の夢の残像はいまだ色濃かった。「むつ製鉄」は、原子力船「むつ」に変った。

六七年九月五日。この日から、下北半島の原子力半島化がはじまった。

むつ製鉄の挫折は、遠隔地大規模工業立地の時代に逆行したものともいいえた。外国の鉄鉱石を大量にはこんできたほうがコストが安くつく時代になっていた。新全総の思想は、その時代の思いこみを過大なまでに反映していた。巨大な夢が投げ与えられ、住民は混乱する。と、その欲望の跡地にもっとも危険なものが押しつけられる。「むつ製鉄」の顚末には、そんな蹉跌《さてつ》が教訓化されていた。

4　開発幻想

開発なくして六ヶ所村の
繁栄はありえない！
話合によりより良き条件を勝とう
開発なくして六ヶ所村の繁栄はありえない
開発促進は我々の手で

経済企画庁は、霞が関の古いビル群の一郭のなかでも、ひときわ古いたたずまいである。七一年七月、わたしはコンクリートの中庭を突っ切って、階段を昇った。新全総の立案者である下河辺淳参事官とのアポイントメントがあった。

建設省の計画官から経企庁に移った下河辺参事官は、旧全総を手がけ、鹿島開発にも関与し、四〇代後半にして「開発天皇」の異名をとっている。

が、机をはなれて立ちあがってきた本人は、官僚臭さをまったく感じさせない、むしろ学者タイプで、わたしは意表をつかれる想いがした。ふさふさした髪の下に、大きな耳がひろがっている。肱掛けのついた低い椅子に坐り直してわたしを迎えた彼は、鷹揚で自信に満ち、説得的な語り口で、議論を楽しむ、という風情だった。

「新全総って、簡単にいうと、どういうものですか」とまず質問した。

「むずかしい質問だな、どういうのかっていったら、そう、新全総ってのはいろんな意味があると思うんですけれどね。やっぱりひとつは、日本の土地利用とか大都市への集積とかみていると、それは明治百年の日本列島の姿が定着した、っていえるんでしょうね。

それで過密・過疎問題が起きてきた、その明治百年の定着してきた日本列島の使われ方を根本的に改めないと、過密・過疎の問題っていうのは、根本的には解決しないっていう見方なんでしょうね。だから、相当長期の眼で、その明治百年間に定着した日本列島の使われ方を、いかに改造するかってのは、ひとつのテーマだと思います。

その時に、京浜・阪神・北九州っていう三大工業地帯とか太平洋ベルト地帯のコンビナートということを変えて、東日本にひとつと西日本にひとつの工業基地に分離して、再開発を図ろうってなこととか、大都市主義じゃなくて、地方都市主義をとろうとかっていうような課題があると思うんですね、そういうのがひとつのテーマだと思うんです。

それからもうひとつが、六〇年代の末期に七〇年代に切りかわる時に、GNPにたいする問題とか国際環境とか公害問題とか出てきたわけですね、それにたいして答えをだす必要があるんじゃないか、つまり六〇年代の姿にたいしてひとつの答えをだす必要がある。つまり、そのことは計画のうえでは、工業開発と環境との関係、あるいは人間と自然との関係ってなところを、どう組みいれた開発にするかってとこだと思うんですね。つまり明治百年からいかにして脱皮するかっていうことと、六〇年代から七〇年代への政策転換をどう組みいれるか、そのふたつってのが、新全総の根本的な前提だと思うんです」

――工場用地や労働力の手当てなどの問題解決と同時に、政府としては公害問題も解決するための遠隔地立地、ということですね。

「遠隔地っていう意味は、立地論としていえば、明治時代にやったのは、資源があったからそこに立地したんでしょう、石炭でも鋼鉄でもね。そして六〇年代の工業立地というのは資源を外国から買って、市場にちかいところに立地した。資源立地か市場立地かっていう理論が従来のやりかたなんです。だけどいま、世界の趨勢としても日本としても、資源からもはなれているし市場からも離れている所へむしろ立地する、環境技術立地だ、というふうにいってるわけです、環境技術立地ということが重要になってきてるんじゃないかと思います。人間と技術との関係とか人間と自然との関係からいえばです。つまり遠隔地っていうのは、従来の市場とか自然とかから遠いところへ立地するという意味をもたせているわけですね」

——しかし、都市のマイナス面が地方へ波及していくんじゃないですか。

「それじゃあどうしようもない。だから地方都市論というのはいったいなんだということなんで、自然環境との組みあわせ方とか、自動車交通っていうものが地方都市論のなかにどう乗せられるかってのがひとつの問題だと思う。大規模ということはなにかといえば、物的生産から人間の労働っていうのをどれだけ解放させるかっていうことをいってるわけですね。おそらく日本で余暇時間とか自由時間をまともにとりあげたのは新全総が最初でしょうね」

——しかし、「規模のメリット」を追求するということは、これまでのGNP主義の表われでしょう。

「たしかに、明治百年間、一貫して考えたことは、近代的先進国国家になろうとして、一人あたりGNPを先進国に追いつくか追いこそうということが、ひとつの政策的な命題であった。そのためにはいろいろな犠牲があっても、将来のためにと思ってやってきたんじゃないですかね、GNP主義みたいなものが根底にあったでしょうが、それをほぼ達成してみて、その目標にたいして懐疑的になってきたんじゃないですかね、さらにひとりあたりＧＮＰがアメリカ水準に追いついても、それじゃアメリカ幸せかっていえば、アメリカは世界でいちばん不幸だというひとも出てきた。それじゃなにもとめるんだってことが問われてるっていうことなんでしょう。それはひとつの政策課題だと思います」

――新全総を読むと、六〇年代の開発は企業ベースで、しかし、七〇年代は国家的に、という感じがしますが。

「ただ、八幡製鉄というのは、明治の最初に官営工場としてつくった、それは国の意志だと、国家になんらかの命題があって製鉄所の必要を感じて、あそこの漁民たちに強制的な買収を強いてやっていった。そのことの評価はべつとしましてね、実際そういうふうにやったと思います。こんどの場合どうかっていうと、そういうふうにはしない、できないと思うんですよ、住民の選択権が非常に大きくなってきてると思う。そして国の命題ってのがどこらへんにあんのかっていうことは、明治のはじめに製鉄所つくったときとはちがう」

――むつ小川原開発の場合は、個別資本を超えて産業界総力で、しかも、国家資金もはいっていて、それがこれまでの開発との思想のちがいじゃないですか。

「そこのところはちょっとまだわかんないんだ。日本の大企業てのはどっちむくんでしょうな。つまり国家っていうものをしょった企業、石油なんか民族石油と外資系っていうふうにわかれているでしょ、そういうようなことが議論になっていくのか、多国籍企業なんていってね、大企業が国家をはなれて国際化していくという動きがアメリカの動きですよね、あるいはそうではなくて、一部でてきたけれども、地域資本と大企業との合併会社ができる、そして地域の発言権を確保しようとしてますよね。そういうことと、いずれかってのはぼくにはまだわからないんですよ。むつ小川原が半官半民っていってるっていうのは、地域住民の発言権をあるひとつのかたちでリザーブしようっていう動きなんですね」

——しかし、むつ小川原開発株式会社では、県の資本より財界の資本が多いですね。

「つまり、だせないからでしょう」

——出資額の多いほうが、発言権が強くなるのが経済原則でしょう。

「ぼくはそうなんないと思う。どうしてかっていうと、民間は五〇〇万円の株主でしょ、一億五〇〇〇万円の株主ってのは知事ひとりなんですよね、いまのところ。だから株主総会はべつとしても取締役会なんかで議論するとき、大株主としての地位はおっきいですよ。で、用地買収でも県の公社に頼らなきゃできないでしょ。だから県の公社というものの位置づけが非常にでっかくなってる、民間企業の一部にはそれをいやがるひとさえいるわけね、三井不動産なんか非常に活躍しちゃったわけだから、余計なものが出てきたって意見もあるかもしれないね。それでいかにして地域の発言権を具体的に主体性の中にいれこむかっていうのは、あたらしい新産業都市のひとつの問題だと思う。

結末はわたしもちょっと読みきれないけれども、稲山さんがいった原子力製鉄ってものはいったいどういうものになるのかっていうのは、原子力にたいする住民の反応とか、経営に

巨大開発現地無料案内!
信用と誠実の不動産・無料相談は地元の
第一観光開発株式会社
三沢市飛行場正門前 TEL 三沢(3)4048

(撮影＝炬口勝弘)

たいしてまでの発言権とか、これは公害問題でもそこまで行くと思うんだけどもね、そういうふうなことの形態をつくる必要があんじゃないですかね」

——鹿島開発では県の意志がはっきりしてましたが、むつ小川原開発では、地元の意志よりも、経済企画庁や通産省の方針が先行していたんではないですか。

「形式がでしょう。実質はちがいますよね」

——実質のちがい、とは？

「むつ小川原湖をコンビナートにしてほしい、と正式にいいだしたのは、昭和三二年なわけです。三二年から、わたしはむつへなんども呼ばれていってますけどね」

——むつって、どこですか。

「三沢市です。期成同盟ができたりしてそのころ、あの辺は日本で最大の貧困地帯なわけです。わたしなんかもなんどもみにいったけど、日本でいちばん貧困な生活とはなにかというんで、あの辺を歩いてたわけですよね、そういう段階でいたずらに工業開発することの疑問てなことを地元とはなしあってます。そして、三七（一九六二）年に新産業都市になった。そのときにふたたび出てきた」

——新産都市の計画には、調査を継続し、再検討すると、一、二行書かれてましたね。

「そのときに八戸地区については載っけたほうがいいかもしらんけども、小川原湖のことはその段階でのっけたくないということで、調査をしようということで妥協した、となって、それで地元を説得したわけです。四四年に新全総のレベルでいよいよ受けてたちましょうというふうにしたわけですよ。だから新全総が出たからっていうのは、やっぱり歴史的にはまずいと思う。そういう歴史の経緯がありましたから」

——それで、あらたに新全総に包括したのは、どうしてでしょうか。

「それは地元としちゃ、あるとみてるわけでしょうね。それで、うちのほうとしてもそのむつってのがある、と。だから、地元が要望しないもので提案したものはないんですよ、新全総ってのはそういう意味じゃ、ここ一〇年なり二〇年の各地域の開発の歴史にたいしてひとつの整理をしたっていうことであって、企画庁のほうからむつがいいっていうふうにいって、地元がびっくりしたって形じゃないんですよ」

——新全総はいつごろから準備されたんですか。

「新全総まとめるのは、昭和四一——二年に作業したんだけれども、そのころずいぶんかなり地元との話し合いしてますよ。わたししゃべりにいったこともあるし、反対の意見もきいたこともあるし、賛成の意見きいたこともあるし、そして結局、とりあげようっていうことに踏み切っていったわけですけれどね。だから、三二年(昭和)以来の歴史があるっていうふうに思ってるわけですよ、むつについては」

——ただ、地元としては、せっかくホタテの養殖に成功して、酪農や畜産も端緒についた。地道に独自にやりはじめたときに、コンビナートでつぶされてしまう、というショックというか、不満が強いんですよ。

「そうです。だから、不満のまま強行する必要はないって、ぼくはみてますよ」

――しかし、あの地域をコンビナートにすると、それがつぶされるわけでしょう。

「だからもしつぶれるのがまずければ、コンビナートを縮小したほうがよいっていってるわけですね。だから三万ヘクタールということを通産省の適地調査でいってるけども、三〇〇〇ヘクタールになることもあるだろうと、いうことといってるわけですよ。それを決めるのは国でもあり、企業でもあり、住民でもあると、だから住民がはたしてどういうのがいいのかってことは、反対っていうだけじゃなく考えて欲しいっていってるわけですね」

――でも、新全総の方針が先にありますよね。

「わたしたちは極端にいうと、それじゃあやってみようという立場ありえると思うんですよ、我々の立場ではね。だけども、住民にしてみると気分は複雑なんですよ、というのは畜産でも漁業でも、後継者がやるかっていうと話がちがってきちゃうんですよね。いまやってる人たちは平均年齢で五〇歳すぎてきてますからね、その連中がここ一〇年は俺たちはやりたいって話と、二〇年後に自分の息子がどうするかって話はこれちがうんですね。で、鹿島の場合でも、農民の農地を取るのはいけないということで、農地を世話しても、農地より宅地ほしいってひともでてくるわけですよ。開発の進み具合によって、漁民や農民の対応の仕方も非常に複雑に変化すると思う。そういうこともふくめて、議論していかなきゃなんないと思うんですすよ」

ます。

──県には具体的プランがなくて、こちらや開発会社のプランが降りてくるのを待っている。

「降りてくるっていう理解ってのはまちがいだ、と思う」

──ぼくが会った県の担当者は、そうですよ。

「じゃあ、誰が降ろすんですか」

──開発会社が、でしょう。

「それじゃあ、おかしいですよ。つまりプランっていうのは、複数の主体性があると思う。地域住民と企業と行政と、行政ってなかには国と県があるかもしれないけれども、行政の立場と住民の立場と企業の立場とが一致しなければ、コンビナートのプランはまとまんないと思う。高速道路とか飛行場とちがって、公共施設じゃないわけですね。もともと民間の施設でしょ、民間の施設を収用法までかけてやれるかどうかって議論はまだ残ってるわけでしょ」

──買収のための法律も考えられているとか？

「わたしたち企画庁としちゃ、考えてませんね。法律をつくることに、企画庁は慎重論です。だから生ぬるいっていわれるかもしれない」

──そもそも新全総に、「むつ湾小川原湖」に巨大臨海コンビナートをつくる、という二行がはいってから、急に動きだしましたね。

「県としてみれば、はやく基礎調査すませて、どういう関係にするのか。二行が宙ぶらりんでは地元としては非常に迷うと、そして二行だけでもってブローカーがどんどん地元へはいったと。財界の人がさかんに行っちゃここはすばらしいといった、ということで実際うごいていったわけですね。その限りじゃ新全総に書いておきながら企画庁がすこし乗りおくれたというか、手続きが遅れたような感じになったわけですね、それでむつ小川原開発会社はできちゃうしってことで、それじゃひとつまとめ役になりましょうってんで、去年の夏からうごきだしてます。だから初動条件ってのは、二行からはじまって企業や経団連のうごきとなってあらわれて、そしてボーリング調査とか小川原湖の淡水化の調査ってのはじめたわけですね」

——その二行の段階では、企画庁にはあれ以上の、具体的なプランはなかったんですか。

「なかったです」

——それじゃ、条件として合うので、いれておこう、というていどですか。

「そうですね。そのために新全総は計画と構想というふうに分かれていて、計画のほうはある程度実施を前提にしてるけれども、構想のほうはこんごの調査をまってから決めようと分けて書いてあるわけですね。むつ小川原てのは構想のほうにはいっている。でまあ、現実がすこしすすんで具体化するという段階にいまきてるという」

——半官半民の会社をつくった、ということは、やるってことですね。

「そうですね。どうやって用地買収を急ぐかってことが、むつ小川原会社の要請として出てきますわね。そういう実務の段階にはいったって意味です」

――会社つくったということは、もう後もどりできないってことですね。

「そうです」

――あとは経企庁としては、建設されるのをみている。いずれはコンビナートが建設されれる、と。

「それほど客観的に考えるっていう感じないけどな、なんていうか、これからああいうものつくる時にそんなに簡単にいきませんよ、もし企業がひとりで自分の力でがちゃがちゃやって、それで一方的に押しまくって、困ろうがなにしようがやれるぐらいなら、行政実務ってのはないと思うし。しかも企業サイドだけでうごかすとなったら、行政の意味がないなあ」

――構想がかなり変ることもありうるんですか。

「かなりじゃなくて決定的ですよ。いま鉄鋼や石油のコンビナート誘致してくれる県なんて、一県もないです。新産業都市時代は四六都道府県でもないかもしれないけれども、大都市除けばぜんぶの県が陳情してきて、新産業都市の騒ぎになったわけでしょ。いま新産業都市を鉄と油のコンビナートをやろうといっても、一県も応募者いないと思いますね」

――つまり、むつ小川原開発でも、縮小の可能性がある？

「それはあるんじゃないですか」

――それは蓋然性の問題であって、三万ヘクタールはどうかべつにしても、縮小されたにしても当初プランはすすめられるんじゃないんですか。

「ぼくはそうは思わない、というのは鹿島のときでも経験したんだけど、むつってのは最低一五年か二〇年かかる。そのあいだに石油がどうなるのか、原子力がどうなるのかってことが問題として残ってるわけでしょ。さっきの大規模っていうんでもね、どのくらいの規模が大規模なのか、五〇万トンタンカーなんていってるけれどね、実際にうごくのかどうかってことはね、これから一〇年の間に変化してくると思うですよね。だから、結論的にいうってことは間違いがあると思う、その限りでは。やっぱりいろいろ事態がかわってくると思う」

「新全国総合開発計画」の意義について、下河辺参事官が編集した『資料』には、つぎのように述べられている。

「全面的な都市化の進行のうちに、情報化社会といわれる新しい未来への転換期を迎えた今日において、今後長期にわたる国民の活動の基礎をなす国土の総合的な開発の基本的な方向を示すものであって、巨大化する社会資本を先行的、先導的、効果的に投下するための基礎計画であり、あわせて、民間の投資活動に対して、指導的、誘導的役割を果すものである。このため、国土利用の現況と将来におけるわが国経済社会発展方向にかんがみ、情報化、高速化という新たな観点から、国土利用の抜本的な再編成を図り、三七万平方キロメートルの国土を有効に利用し、開発するための基本方向を示すことが、この計画を策定する意義である」

一九六二年に閣議決定された全国総合開発計画(旧全総)は、「地域格差の是正」をかかげて「新産業都市建設促進法」を導きだし、これによって六三年に一五ヵ所初の新産業都市が指定された。

青森県では八戸市がそのひとつにはいったが、ほかの新産都市とともに、環境破壊を促進させ、「辛酸都市」とも呼ばれている。六〇年代からはじまった日本の高度経済成長とは、自然と人間を破壊して達成されたものであるのを証明したのが、公害の全国化である。

新全総はこれにたいして、都市を工業化の「拠点」にする方法をとるため、国土利用のシステムを「抜本的」に再編成することにした。そのキイワードが、「情報化」と、「高速化」である。

七〇年現在、日本の工場用敷地面積は九万六〇〇〇ヘクタールであるが、新全総では八五年には三〇万ヘクタールが必要になる、と策定されている。つまり、一五年間で、工場用地をいまの三倍にしなければならない。

というのも、新全総では、日本の工業生産水準を八五年には五倍の規模になると推測し、鉄鋼が四倍、石油が五倍、石油化学が一三倍と算出している。

それが資本の自由化をむかえ、国際競争力の強化を目指す日本資本主義の必須の課題であり、このために、大規模な港湾、広大な用地などの立地条件をみたした比較的少数の地点に、巨大なコンビナートを形成する、との方針が打ちだされている。遠隔地大規模立地である。これを新全総は、「従来の意識、慣習にとらわれない超長期の視点に立ったフロンティアスピリット」と自讃している。

遠くはなれたところに大規模な工場の建設。これをささえるのが、情報通信網、航空網、新幹線鉄道網、高速道路網など、新ネットワークの建設である。「中枢管理機能の集積と物的流通機構の体系化」。つまり、中央に集積された情報が地方のモノをコントロールする。

新全総の思想とは、完璧な中央管理主義である。そこでの「地方」とは、合理性、効率性によってのみ選別された「工場」と化す。下河辺参事官は、『資料』の「はしがき」にこう書いている。

「地方の開発については、単に必要の原理からのみ保護的に論ずるものではなく、合理性、効率性の観点から論ずる時期がきている」

新全総を読んで、もうひとつ気がつくのは、生産力増大と環境問題の解決策としての遠隔地立地の彼方に、海外立地が想定されていることである。

「なお、資源を海外に依存し、一方、国内においては環境問題が深刻となり、高密度経済社会を形成しつつあるわが国において、今後海外立地の必要性が増々高まっていくものとみられる」

下河辺参事官と会ったあと、わたしはクビをかしげて帰った。未曽有の巨大開発であるむつ小川原開発は、経済企画庁が策定した「新全総」によって正式に認知された。それと同時に、やみくもな不動産業者の土地買収がスタートを切った。が、それから二年たって、県や企業の開発熱がますます昂っているのにもかかわらず、当の立案の責任者である下河辺参事官は、いささか冷やかな表情なのである。

七一年七月上旬。青森県知事室。

半年前に三選をはたしたばかりの竹内俊吉知事は、どこか粘着質タイプの老人である。わたしの顔をみて、県内出身であることをいい当てたのは、若いころの新聞記者暮しによるのかもしれない。

津軽の寒村に生まれた竹内は、高等小学校を卒業したあと、農業の手伝いをしていたが、向学心を抑えきれずに上京、荷車を曳いたりしながら小説家を目指していたようだ。田舎に帰ったあと、『東奥日報』に入社、同人雑誌にプロレタリア小説のようなものを発表したりしている。

青森県の政治の奇妙なのは、自民党の政治家として、県議、代議士、知事と昇進した竹内と社会党の長老淡谷悠蔵、共産党幹部の大沢久明がそれぞれ同人雑誌仲間で、交友がつづいていることにある。

竹内は敗戦直後の四六年、「翼賛議員」として、ＧＨＱによって公職から追放されていたが、『東奥日報』顧問、青森放送社長などを経て、五五年、五五歳で衆議院に復帰している。そのあと、三期務めて知事選に転戦、テレビと新聞、県内のマスコミに強いのは、知事としての権力以外にも、彼の経歴が投影している。なにしろ社共の幹部は、かつての文学仲間である。

応接セットのまん中の椅子に、深々と腰をおろした、ロイド眼鏡、銀座壱番館誂えの洋服に身を包んだ七一歳の知事は、しゃがれた低い声で、たいして興が乗らないように、間《ま》をおきながら答えた。

――青森県にとって、この開発は歴史的にどんな意味があるのですか。

「まあたくさんいえますがね、たくさんいったってしょうがねえんだろ、ん？　これはね、ナショナル・プロジェクトていうことは、その通りでしょうけど、それとともに青森県の開発であることには間違いない。だから、それだけでも、ああいうもの(プラン)ができて、たくさんの条件のなかでプラスがあるわけで」

――この開発の話は、いつごろからあったのですか。

「それはね、全総(旧)計画が発表になるのとややおなじ(一九六二年)ですな、話はその前から、むつとしていた。経団連の国土開発委員会でやってきたのだが、その委員長が、この間、むつ小川原会社の社長になった安藤(豊禄)氏だ。日本工業のいろいろな問題の討議が経団連においてなされておるわけですから、いずれにしても、スケールメリットで日本工業の国際競争力をたかめる、また更地《さらち》へもっていって公害のないレイアウトをつくる。そうなってくると、おのずから条件が限定されてくるわけですからね。ということで通産省の産業構造審議会、経済企画庁のあたりは開発局とか東北開発審議会とか、そういうとこでずっと問題になってはきた」

――それが知事のお耳に達したのは、いつですか。

「お耳に達したようなもんじゃないっていうの、わたしが働きかけたんだよ、ここのことだもの。昭和三九年(知事就任一年後、むつ製鉄挫折の年)から、ずっとわたしは一貫してやってたんだよ。なかなか時がこなけりゃ、機が熟さなけりゃ、熟せざれば実らずでね、そううまくいかなかったけれども、県としてはずっと前からのことですよ」

――それが六九年五月の閣議で採用された?

「新全総の中へはいったのは、企業者側でも意欲を示してきたし、日本工業のゆきさきが必要だし、総合してあれに載ったんでね、卒然としてあらわれたんじゃなくて、わたしは東北開発審議会で委員だから、通産省も経済企画庁も、まえから」

――住民対策などの具体策は、九月ごろまでにまとめられると……。

「うん、九月中にはまとめようと思ってます。骨子は住民に喜ばれるような開発にするってことだな」

――むつ湾漁民の反対がかなり強いですね。

「まだなにもやってないのに反対するっておかしいじゃないか」

――ホタテ養殖が軌道にのってますから。

「そういうものに影響のないようにされるべきだとはいってるが、なにも開発に反対してるわけじゃない」

——でも、物理的には養殖は駄目になるでしょう。

「物理的になるわけじゃないよ。害があるようにすればなるし、しないようにすればならない」

——でも、五〇万トン・シーバースができれば、養殖は不可能でしょう。

「そんなことない、そんなことない。やりかたなんですよね。つくりかた、やりかた。位置の決定のしかた、いろいろある。こっちのポイントは海を汚さないような方法でやりましょうってこと」

——どういう企業・資本グループがくるのか、あきらかになっているんですか？

「あきらかになっていません」

——それがわからなければ、どういう害が出るか対処の仕方もわからないってことで、工場がきたときにはじめて対応するんですか。

「そんなことないよ、こっちにも主体性あるから。そういうものここは困りますよといいますから、むこうのいいなり放題になるってことはないよ」

——しかし、国家的事業でしょう。

「何の事業だってそんなことないよ、困ることはごめんこうむります、困るものは」

——企業の選択はしないんですか。

「企業選択はね、そこまでやらなくてもね、この企業はここは困る、ここならいいでしょう、そういうことはもちろんあると思う。青森県が鉄つくったり、アルミニウムつくったりするわけじゃないから、いちいちこまかな企業選択なんてことではなくてだね」

――「公害のない開発」をさかんに主張されていますが、公害のない企業だけ誘致できますか。

「わたしゃ技術屋でないから、わたしに聞いてもだめだ」

――しかし、県の姿勢がはっきりしないと、チェックできないのではないですか。

「公害のでないような、防止対策・施設をきちんとやれば、でないってことだから、そんないちいちの対応まで要請しない。公害であれば原因者負担だから、最初から公害がでないことを期して、やる。ここならできるだろうと」

――技術的にはまだ確立されていないですね。

「キミはそう思うかもしれないが、昭和五二、三年から五五、六年のこったからね」

――五〇(一九七五)年にマスタープラン、五二年から一部操業といわれてますが。

「だいたいそういう方向だね、実際は五五年くらいでしょ、五二年からやるものもあるだろうけどね」

――陸奥湾の漁民は、来月に集会をひらくといっていますが、漁民の反対が大きな問題でしょう。説得にいかれるんですか。

「説得たって、ただ単純な説得で、ハイ、そうですかっていくものじゃないから」

——具体的なプランにそって説得しないと納得しないですね。

「だから、まだそこまでいっていないですよ」

——農民は代替地がなく不安が強いですね。農業から転業することを考えている農民はすくないでしょう。四万ヘクタールを買収して、そのうち一万ヘクタールを代替地と考えているようですが……。

「不安はあるでしょう」

——代替地が、一万ヘクタールで納得するかどうかですね。

「アンケートとったりして、正確じゃないけどね、これから先、曲折あるけど、だいたいそのくらいでいけるんじゃないか。三万町歩買おうたってね、それは農地じゃないとこが多いんですから。農地のふりかえならね、何町歩にもならないかもしれないけど、でもいろいろあるからね」

——青森方式は、農地の代替地を補償しない方式といわれてますが……。

「誰がそんなことといった」

——新聞に載ってますよね。

「そんなことない」

——絶対ないですか、農業切り捨てだと。

「そんなことできるかいな、あんた。こういうことだろう、鹿島のように定率、四割六割か、ああいう定率配分はここではできないだろう、そういうことをいったんです。六割はなんでもかんでも農地やりますといったたって、そうはいかない。いままで生産性がそうたかくないものをやっておったのを、こんどは生産性のたかい、あるいはビニールハウス農業やるとか、いろんな農業の中身でもっと高性能なものにしていって、所得においては、まえよりも多くする農業が容易だと、いまよりも。そういうことで、代替地いらないなんていったこたないよ」

——じゃあ、「青森方式」ってのはなんですか。

「青森方式って、キミたちが名前つけただけだろう」

——それでは、青森県の開発における住民対策のモットーといういますか……。

「モットーは、だから、地元に喜ばれる住民対策ということでしょ、なにをすれば喜ぶかといこことはひとによってもちがうから、いろんなことで、きめの細かな住民対策が必要、そういうものを展開しようとすれば、国の行政万般に関係してくる、だからそういうところを詰めなければ。望ましいことと可能なこととのあいだに距離のある問題があるでしょ。ものによっては、法律ではできないとか、そういうものをいま、官庁、農林省とかそういうとこと詰めてるわけですよ、それに時間かかってる」

——県にプランがないことで、現地には批判や不満が強いですね。

「それはしょっちゅう叱られてます」

——経済企画庁の下河辺参事官にお会いしたら、面積は縮小される可能性があると。

「ほう。下河辺君がなにいったかしらないけどね、住民対策がうまくいかなきゃ開発できませんよ。縮小されるどころの騒ぎじゃない」

――用地買収は難航すると思いますが。

「そりゃね、するすると棚からモノとるようなわけにいかないことはよく知ってるよ。これは地元とよく折衝して、それを調整して、進めていくんであってだなあ、そうそう紙に書いたとおり、皆するするといくとは思ってはいませんよ」

――参事官は、おなじ新全総でも、九州の周防灘の開発のほうがかなり先行するだろう、こちらは計画通りいかないだろうといってましたが、そのへんはどう思われますか。

「いやなんの考えもありません。そんなの議論したってしょうがない。わたしのほうはね、なにもそうがつがつ急がないで、やっぱりいいものをだ、安心のできるいいものを、そして地元民に喜ばれるものを、そういうことを目標にすすめる」

――開発地域の規模は、最初の構想通りのものを維持するんですか。

「むこうはね、日本工業の必要からくるのがひとつあるから、あれ以上縮小されることはないだろうと。もっと大きくなることはありえるだろうさ」

――経団連の植村会長を案内されて、彼は視察したあと、どういってました。

「いやあ、ここが第一だ、と」

――やる気充分?

「ああ、やる気充分。やる気充分でなくて、経団連中心になって株あつめて会社つくるかね、あれね、あそこまで決意するまでには、相当時間かけて、相当なことしたのよ、経団連が。ただ思いつきでやってるんじゃないんだよ」

――しかし、むつ製鉄は失敗しましたよね。

「むつ製鉄はね、知事になってここへきたとき、後始末、わたししたんだ。やってみるとね、政策的な考え方、それに地方ではああいうものは欲しいから、いろいろな政治運動でやってあそこまでいったけど、企業者側にやる気があまりなかった、それが失敗の元なんだ。企業者側には損してもやるって気持ちはもちろんない。あれ損する計算だったでしょ、だから横に寝ちゃってどうにもならなかった。

方針とかいろんなことは政治行政のなかでもできる。鉄つくったりアルミつくったり、実際仕事するのは、企業者だから。だからわたしは、それを非常に大切だと、あの時期に痛感したんだよ。いろんなことやってね、政府いって、膝うったりあぐらかいたり、いろんなことしてみたけどね、ああいうことになった。そこでね、まず、仕事をする側の意向をたしかめ、必要性いうものをよくたしかめてね、またそういうひとたちが、そんならやろうという気にならなきゃいけないなと思ったから、わたし、一年半ばかりそれ専門にやったんだ」

――今回の開発との決定的なちがいは、どこにありますか。

「だから企業者側が、これはどうしても日本工業のね、将来のこれからの先を考えるとね、大きいスケールで、しかも公害がでない、性能のたかい、国際競争でうち勝っていけると、こういうものを必要とすると、そこにはあすこがいいんだと、こういうことが、経団連を中心として意志統一されたってこと。それがいちばん特徴だ。前はね、むつ製鉄の場合はね、三菱製鋼か、あすこへ頼んでえらいさん(三浦政雄三菱製鋼社長)に来てもらってやったけれども、企業者はほんとにそこまでやろうという気持ちになってなかった」

——ビートも失敗だった、ですね。

「ビートもあすこで挫折しちゃったけどね、ほんとにテンサイ(甜菜、天災)になっちゃったな。一〇年もやってだなあ、これもわたしがぜんぶ後始末した。あれは、フジ製糖が損するからって横に寝ちゃった。で、ひとつ県でやろうかと、農家も多いしね、県議会に提案して四億円の資本金を議決したんだよ、青森県は。岩手県、宮城県も、宮城県なんかテンサイ一反歩もないんだよ、それでも同情して出資金をだしてくれることになって、五億ぐらいで会社つくってね、やろうということにしたんですよ、あの案をもっていったけどね、なかなか政府は呑んでくれないんだ、農林省もね。あくる年から国際糖価あがったろ、だからいまにしてみるとあれやりゃよかったなあってこと、農林省の連中いいますがね。世の中そんなもんだ」

——庶民感覚では、こんどの開発もまた失敗するんじゃないかと——。

「あるでしょうね、だから気をつけなきゃならん、てことだ」

——この開発は、坂上田村麻呂以来の第二のエゾ征伐、という批判もありますね。

「わたしも新聞記者よ、君より長いだろ、新聞記者。そういうものの聞き方したがるし、そう聞いたほうがはやくわかるから。征伐されるんじゃなくてよくなるんですよ。前より悪くなるんなら、こんなものわざわざやる必要ない」

——農民の不安が強いので、これからかなりの抵抗がでてきますね。

「希望と不安のふたつあるんです。まったく不安だけじゃない。恍惚はないだろうが、希望と不安とふたつあるわけだ。不安をなくして希望をのばすということですよ」

竹内知事は、太宰治が愛唱したヴェルレーヌの一行、「選ばれしものの恍惚と不安」で、話をしめくくった。

このあと、わたしは、「むつ小川原開発室長」を兼任している富田幸雄企画部長に会った。老獪といわれる知事よりは、彼のほうがはるかに率直だった。

彼は代替地の問題については、「代替地はいらない、カネがほしいという農民がかならず出てくる」と楽観していた。そして、予定地域をぜんぶ買収しなければ、公害が出てくるとも語ったのである。つまり、公害対策とは、無人地帯にしてしまえば公害は発生しない、というていどのものなのである。

進出企業については、県がチェックするのではない。ナショナル・プロジェクトだから、企業グループが検討し、経団連が調整する。公社が用地を買収し、開発会社がカネをだす。県が担当するのは、連絡および調整などの事務だけである。

竹内知事との別れしなに、わたしは「いま残っている問題でいちばん大きな問題はなんですか」ときいた。彼は、「まあ、農地の利用の問題、いまの制度からすれば」と答えてからいった。「それから、ま、いろいろありますよ」

知事がいう農地利用の問題とは、富田部長によれば、農地転用の問題である。経団連にしろ、公社にしろ、農地法がある以上、工場用地や移転用宅地のために農地を先行取得することはできない。彼は「仮登記で売買手続きをする」と答えた。のちにこの問題で県は、法務省から「第三者のためにする農地の売買契約は適法」との解釈を引きだしている。

知事と会った日の翌日。七月八日、県議会では本会議が開催されていた。傍聴席はまばらな入りだった。

社会党の渡辺三夫議員が、むつ小川原開発について三点の質問をした。住民対策の中身と地場産業への影響、そして、開発公社の性格について、である。彼は公社とは手数料をもらう仲介屋なのかと発言したが、答弁に立った北村副知事は、それには答えなかった。

北村副知事は、つぎのように答弁した。

「住民対策はもっか仕上げちゅうで、具体的にはこんにちの段階ではいえない。開発の効果を地域の社会的にも個人的にも享受させることが大切だ。土地提供者には格別の配慮をする。地場産業にはデメリットもあるかもしれないが、メリットのほうがはるかに大きい。県公社は開発会社の委託で必要な土地を買う。内外不動産などの業者がはいりこんでいるが、とくに変ったケースがなければ、現時点では行政の立場からはなんともいえない」

渡辺議員が立って、

「公社には買う地域もわからないし、なんの権限もない」

そう批判した。と、副知事は、

「公社が決め、買うのであります」

切口上で答えた。

巨大開発には、国の農政が色濃く投影されている。七〇年からはじまった減反が農業の先行きに影を落している。「新全総」のプログラムによっても、約九〇〇万人の農業人口を半分に減らし、総労働力人口のなかで、二〇%から一〇%にする方針があきらかにされている。減反政策とは生産調整にその狙いがあるのではなく、水田を他目的に転用するため三年間に三〇万ヘクタール買い上げることにある、と七〇年三月、福田赳夫蔵相が語っている。

農林省上層部には、「農地法をなるべくはやく抜本的に改正する必要がある」との意向が強い。大規模拠点開発の周辺農地については、例外的に先行取得を認めることも〝前向き〟に検討している、といわれている。さらにまた、国土開発審議会は七〇年八月、「新全総」実施についての意見書をまとめ、「事業促進のための必要な用地の取得については、国や地方公共団体が交付公債によって先行取得できるような対策を検討すべきだ」と提言した。

七一年一月、同友会首脳と田中角栄幹事長など自民党三役の会合では、「下北半島など新工業立地で理想的なニュータウンづくりを進めるため、特別立法などで土地所有権の一部を制限する必要がある」との意見の一致をみた。

そして、この年の五月、根本建設相は「市街化地域内の農地、山林全般にわたって都道府県が優先的に買い上げる先買権を強化し、さらに緊急宅地化区域を指定して強制収用できるようにする」との根本構想をうちだして、憲法二九条に保障されている「私権」をも制限し、強制収用した土地を民間ディベロッパーに払い下げることをあきらかにした。

このように、六九年の「新都市計画法」施行をはじめとして、農地を工業用地に転換させる政策は急ピッチで準備され、それらが「国土再改造」という名の工業化をはかる新全総に収斂されようとしている。

青森県は六九年当初、工場予定地を一万五〇〇〇ヘクタールと発表していた。ところが、翌年、それを三万ヘクタールと上方修正し、いま買収予定地を代替地一万ヘクタールをふくめた四万ヘクタールとしている。なんら買収される農民への想いはない。

三沢市で、地方労議長であり、市議でもある渡辺航さんに再会した。彼はまえにきたとき、「三沢市は基地依存経済政策をやめて、こんごは基地がなくてもやってゆけるコンビナートを建設し、あらたな、平和的な労働市場をつくるべきだ」と語っていた。が、それから一年半たって、米軍の戦略的な事情によってファントム部隊は、全機とも韓国の群山基地へ移駐し、それを理由に基地労働者二一〇〇名のうち一一〇〇名の大量解雇がなされた。基地は自衛隊との共同利用に決まった。三沢市では基地への依存経済の基盤がゆるぎ、開発がさらに色濃く浮びあがってきた。

彼はいま、こういう。

「この開発は一九八〇年代の日本を軍国主義国として完成させるための工業基地づくりに本質がある。その目的のために、国家権力があらゆる力を振りしぼってやってくる。これによって、地域住民の生活は完全に犠牲にされる。このためには徹底抗戦が必要で、第三の道はない」

これは一年前の「基地経済脱却のためのコンビナート建設が必要」との意見とはまったくちがうものだった。わたしはその理由をたずねた。彼は一年前の意見について、米軍基地と射爆場撤去闘争に市民の目をむけさせるための「戦術」と答えた。指導者たちだけが「戦術」と了解して、大衆をひきまわすのが日本の左翼運動の欠陥である。

開発反対、徹底抗戦をいま強く主張している渡辺市議は、それが県の社会党の方針とちがうことを認めている。三ヵ月前の四月一六日、青森放送が主催した各党代表者（県会議員クラス）のテレビ討論会で、社会党を代表した関晴正書記長は、県教育長が土地買収会社である「むつ小川原開発会社」の役員として派遣され、県もすでに六億円の資金を投入しているのを「県庁が不動産会社になっている」と批判しながらも、「住民本位の開発を」と主張し、開発自体には反対していない。

また公明党の浅利稔議員も、「地元民のことを真剣に考えた、住民のための開発」を主張し、共産党の大塚英五郎議員は、当初、知事が議会で表明したような、土地を提供した農民に会社の株をもたせたりして、利益を地元に還元させるという案は国から否定されてしまったではないか、と批判したものの、「共産党は竹内知事の尻を押して、資本に我儘をさせないよう援助する」と発言した。

社会党は開発を進める知事を「監視する」と表現し、共産党は「援助する」と語っただけだった。どちらも、不安と不満で動揺している農民や漁民のなかにはいって、大衆的な反対運動を組織する姿勢を欠いている点ではまったく同罪である。

「開発」は農業県から工業先進県へ脱皮する一大チャンスであり、家族とはなれて暮らす出稼ぎの解消は農家の悲願というべきものだった。だから、「革新勢力」も農民を犠牲にする開発幻想から脱却することはできなかった。

県議会の合間に、議員控室で会った関社会党書記長は、「新全総には疑問があるが、選挙技術上の問題があって、開発には反対してなかった」と率直に語った。彼は教師出身で、気さくな性格のようである。

社会党県本部は、前年(七〇年)八月の大会で、「開発賛成、住民に犠牲のない開発を」との態度を決定した。地方選挙と知事選挙をひかえて、自民党がふりまくバラ色のヴィジョンにたいして、「反対」ではたちむかえない、と判断したからという。

社会党は八戸新産都市の建設にも反対しなかった。が、いま八戸は全国でも屈指の公害都市となった。

「八戸の新産都市がまずかったというなら、新全総の開発には反対、となるんじゃないですか」

わたしはきいた。

「そうなります。それはこんどの八月大会で、中央とも相談して決定したい」と関書記長は答えた。

「もし反対と決めたなら、いま九人のうち四人の委員をだしている県議会のむつ小川原開発特別委員会から委員を引き揚げますか」

「反対を決議したら、そうなるでしょう」

共産党の県委員会の本部で、沢田半右衛門・政策委員長に会った。

「住民のためのものであれば、地域開発そのものには賛成」と答えたあと、彼は「公害企業がくる、規模が巨大すぎる、土地収用法などが準備されている。新全総の一環としてのこの開発には反対だ」とつづけた。しかし、「具体的にはどんな運動をしているのですか」との質問には、「開発予定地内は組織が弱くて、まだはいりこめていない」と答えただけだった。

すでに東通村では原発予定地の買収がすすみ、南通部落は壊滅させられていた。六ヶ所村でも、開発公社の買収準備がはじまっていたが、社共は完全に立ち遅れていた。

住民対策案がどんなものになるのかはっきりしないうちは動けない、というのもそのひとつの理由だった。開発への姿勢が、三ヵ月前より、すこしは切実なものになったとは感じられるのだが、両党ともに開発にたいする住民の幻想にまっ正面からたちむかい、開発の真実を大胆に訴える率直さがなかった。

関書記長も語ったのだが、二年前、経団連の植村甲午郎会長がYS－11機から開発予定地を物色したとき、そばに坐っていた県知事が「坪一〇〇〇円ですよ」と耳うちした、とのエピソードはよく知られている。千葉県の君津の土地造成費は、そのころ一万五〇〇〇円といわれていたから、その安さが植村を驚嘆させた。

それがこの青森県の開発を象徴していた。かといって反対運動が組織されることなく、時間を空費していた。

七一年五月、むつ小川原開発農業委員会対策協議会は、「巨大開発と農民の対応」と題するパンフレットを発行した。これはその年の二月に、関係市町村の農業委員会を通じて、三四三七戸の農家へアンケート用紙を配布、二六〇五戸から回収(七五・八％)したものである。

それによると、開発に賛成する農家は、六四・九％と全体の三分の二を占めている。このうち七三・七％が土地買収にたいして「条件次第で応ずる」としている。

また反対する農家は二二・三％で、このうち四六・七％が、やはり「条件次第で応ずる」と回答している。賛否双方とも、代替地を強く望み、「開発にたいする要望」では、八〇・七％が農工両立の開発を訴え、「開発にたいする不満」では、八八・九％が農民対策があきらかにされていないとしている。

このアンケート調査の「むすび」には、つぎのように書かれている。

「また、開発構想の発表以来、開発予定地域の土地が、民間土地業者に虫喰いされ、開発の支障となることが懸念されているが、このアンケート調査では無条件で手放す意志のないことをハッキリ示している。これは農用地は原野、山林と異り農家の生活基盤であり、将来の生活のみとおしのないままこれを処分することはあり得ないことで、従って買収は非農地と異った方針で臨む必要があろう」

まとめのコメントが、開発反対の姿勢に弱く、国と県の方針に遠慮がちなのは、農業委員会の保守性もあるが、開発の姿がまだあきらかでなく、期待が強かったことを反映している。

六ヶ所村の農民で、このアンケート調査に回答したのは五七三人（回答率六二・一％）とよそよりも低い。賛成が八三％、反対が一七％となっている。賛成の理由として「地域経済がよくなる」「農外就業ができる」「土地が値上りする」など県の宣伝の受け売りが多い。反対では、「農地を手放したくない」「農業ができなくなる」の意見が強い。

貧しいひとたちのほうがより開発に幻想を抱いていた。経営規模別でみると、五〇アール未満では七六・五％の賛成、三ヘクタール以上では六四・九％となっていて、零細農家ほど、開発への期待が強かったことを示している。が、野党は、それに対置する論理をもたなかった。

その二ヵ月前の三月、むつ小川原開発農委対策協議会総会は、県知事にたいする要望書を採択した。ここでは都市近郊型の農業への期待をこめて開発賛成が語られる一方、農地買収には反対が表明されている。

「現在まで土地業者の思惑買いの対象となった土地は、開拓地域の原野山林で、農用地は殆ど動いていない。これら農業経営及び農家経済に直接結びついていない非農地を地価上昇を機に換金したケースが多く、同様に生産手段である農用地も無条件で手放すが如く推測することは当らない。

従って、基本計画や土地買収に伴う補償条件が明らかにされていない現状において、無差別な買収を行うことは、農業経営や農家生活を脅かすばかりでなく、地域農政を困《ママ》乱におとしいれるものであるから、当面、農地及び採草放牧地は買収対象から除くべきである」

「開発」の言葉には、生活が豊かになる、とのイメージがまとわりついている。開発とは、農地の工場化であり、工業の農業と自然への侵略にほかならないのだが、開発する側にとってのバラ色のイメージが、開発によって土地から追いたてられるものをも包みこんでしまう。カネをモットーとするのが資本主義であり、カネを武器にして侵攻すれば疲弊している農村はひとたまりもなかった。マスコミは科学技術信仰と生産力信仰を増幅させて、農民に押しつけた。「県民のための開発」と喧伝されながらも、肝心の住民に彼らの運命を語るものはいなかった。地元紙の『東奥日報』では、なんの疑問も表明していない。

七一年四月、国と県と財界一五〇社が発足させた「むつ小川原開発株式会社」の初代社長には、小野田セメントの安藤豊禄相談役が就任した。はじめのころは、発起人総代の植村経団連会長がなるとの下馬評がもっぱらだったが、結局、彼は多忙を理由にことわって、経団連の安藤国土開発委員長が選ばれた。東大工学部卒、七四歳。かつて朝鮮で地域開発にたず

（撮影＝炬口勝弘）

さわったことがあるという。ここでの「開発」が、より侵略的なものだったのは、まちがいない。

名刺に印刷された会社の住所は、大手町二丁目の日本ビル内となっているが、会ったのは八重洲の第二鉄鋼ビル四階、小野田セメントの事務所である。部屋の壁には、陸奥湾、小川原湖の大地図が掲げられている。主人《あるじ》は八の字眉の、歯切れのいい、話好きな好々爺である。

——安藤さんが現地に最初にいかれたのは、いつでしょうか。

「四三(昭和)年の七月、じゃなかったですか」

——コンビナートをつくるという想定で。

「いや、それほどまでには思うておりませんでしたが、世間でもちょいちょい騒がれるようになってってですね。だから着いてみりゃ、もういいとこだって、だいたいわかりますから」

——いってみてのご感想は。

「そりゃもう立派なとこと思いましたな」

——立派というのは?

「そういう大規模工場つくるときには条件がいろいろありますからね、まず一番に海の関係とかね、それから広さの関係、風の関係、波の関係ね、水の関係、ひとの関係、それに気候ね、われわれいけば、パンとそういうことといちばん先に思いますから、べつに何がどうっちゅうことなく、自然に、七つくらいの条件っていうのは、いつも頭の中において動いてますからね」

――あの地域のメリットはなんでしょうか。

「過疎ってことが大きなメリットでしょうね、現状態においていわゆる過疎であると。それから非常に広大な土地がある」

――過疎なら買収問題で抵抗がないということですか。

「ひとの集まらないほうが都合がいいと、東京でそんなのやろうっても意味ないでしょ、それとおなじことですよ。過疎で広大で、海がいいでしょ。陸奥湾というのは、日本でも最高の湾のひとつですよ、東京湾以上ですよ。広さからいうとむつ湾は一五〇〇平方キロメートルで、東京湾の一倍半あります。ずっとこう半島が抱いたようになってまして、斧の先でね、しかもその先には一〇〇〇メートルの高い山がある。従って、風は受けてしまう。入り口が狭いと困るけど、東京湾あたりとはちがって広大な入口です。入口からいうと東京湾の何倍もあってね、深さも一〇〇メートルもありまして、これはもういかなる態勢であっても、充分に。波はどうかというと、波もなかなか静かだと。

それからね、もうひとつあそこで非常に海のいいということはね、太平洋岸なんです、ふつうは波が大変たかいと思われている、はやい話が鹿島だってそうとう波たかいです。ところがね、むつ小川原へ行きますとね、台風って話がだいたいないです、あそこに行けばいつでも熱帯低気圧とかいうものに変わってしまうわけで、台風はぐにゃぐにゃになってしまう。そういうことで、あそこの最高の波ってのは、三メートル五〇ですよ、だいたい、これは非常に大きいことですよ」

——いままでの開発とのちがいとは、どういうことですか。

「これはね、規模が第一大きいですよな。いままでやった、たとえば鹿島、これはほぼ一〇〇〇万坪ですな、水島は五―六〇〇万坪ですよね。大分は、まだ第一期がすんだだけですが、第二期合わしても八〇〇万坪ぐらいですな。福山、これは製鉄所が主ですが、これは全部あわせて五―六〇〇万坪ですよね。千葉にしても合計一〇〇〇万坪ですかな、そういうものにたいしてむつ小川原は一億坪、三万ヘクタールってことで九〇〇〇万坪ですよね、これは大きいですよ、まちがいなく。東京湾が一〇万ヘクタールしかありませんから。

工場用地としては三万ヘクタールですが、地域全体としては、一三万ヘクタールになります。その地域でもって、いろいろなことやるわけですよ。そういうような大きなところは、無論、日本ではあったことはありません、世界でもはじめてでしょう」

——規模が大きいことのメリットはなんですか。

「これはね、いちばん大きいのは、公害を適当に配分することができるといいますかな、平均していちばんすくない公害ですむと、これは大きいですよ。それからわれわれは住宅にしても、公園にしても、港にしても、工場にしても、あるいは森林地帯にしましても、そういうものみんな適当に配分できると、これは人間の生活にもっとも調和した配分ができると」

――巨大な地域なら、公害は発生しないのですか。

「発生するんですが、それはおそらく東京の何分の一でしょ、おなじ設備をやっても、そこらがちょっといいとこですよ。公害にいいというのは、地図でみればわかるように、西と東が海になって空いてるでしょ。風ってのはだいたい夏は東南が多い、冬は北西が多いです、無論ほかの風もふきますけどね、これは非常に意味が大きいんですね。陸奥湾のほうにいったらひっかかるけど、一〇〇キロむこうにいくとね、まずまずたいしたことはない、あすこはあまりひとはおらんとこだと、太平洋のほうはもちろんよろしい。ということで、東京湾で工場つくるとかあるいは伊勢湾でつくるとかいうことと意味が違うんですよ」

――シベリアの石油や天然ガスも視野にはいっているんですね。

「そうそう、そういうことも考えにいれて」

――しかし、あれだけ巨大な生産量のものを一気につくると。

「一気にはできませんよ。一〇年か二〇年かかる」

――でも、輸出圧力がかかって、アメリカも脅威に感じるんじゃないですか。

「それはまあそう、しかし、おたがいに競争という言葉からいや、脅威かもしれませんけどね、長い将来は日本の世界の消費市場もうんと大きくなるだろうと思うんだ。これから二〇年も三〇年あとも、いまとあまり変わらないんなら困りますけれども」

――世界の中で占める日本の位置もかわってきて、ＥＣと互角になるような、世界の生産の三分の一を占めてしまうようなことになると。

「そんなこたぁないでしょうけど、三等分ってことはないでしょうけど、五等分すりゃその一つぐらいになりかねんでしょうね」

——でもアメリカ、ＥＣ、日本と三等分ぐらいじゃないですか。

「ロシアもありますしね、そのうち中国だって大きくなるでしょうから、そうもいかんでしょうけども」

——生産能力が過剰になる心配はないんですか。

「生産能力の過剰ってのは日本の経済発達ということとの関係ですわね。たとえば、二〇年後にはＧＮＰは八〇〇〇億ドルから一兆ドルになろうとこういうんですがね、いま二〇〇〇億ドル。四倍、五倍になれば、生産だってほぼ三倍か四倍にならにゃならん、その生産はどこでつくるんだい、東京がいいとなっても、東京はそれでなくてもいよいよ人間とガスばかりで」

——年率で、一〇%ぐらいの成長をみこんでいるんですか。

「一〇%はみとらんでしょうね、八%ぐらいじゃないですかな、いろいろ計算の方法もあるようですけど。二〇年後に四倍ということは、八%にはならんですね」

——不況がきて、この計画がガタつくことはありえませんか。

「長いなんであれば、そういうこともありえましょうね、ときにはね。それは事業でもおなじでね、それはある程度はありましょう。しかし大局的にみて、進む方向ってのは、ほぼやっぱりこの方向だろうと。心配してたらなにもできやしません、みんな神経衰弱になってひっくりかえりますよ。まあ、なんですよ、戦後経済の発展の経過みても、みんないやぁもうとても日本はだめだだめだといいながら、そのうちだんだんだんだんよくなってきてね、常識よりもはるかにたかい成長やりましたものね、まあ、下村治さんは、あの人はほとんど正確にちかい予想をしてきて、これ二〇年間、連続当ってますがね。去年、四五年（昭和）の予想でも、下村さんがいちばん下だったけど、だいたいそれよりちょっと上ぐらいのとこいきましたから」

――コンビナートと軍事基地が両立できるのですか、どうですか。

「それは両立するところにもっていきますから、広いんですから、狭いとそれはできませんがね。三沢ちゅうとすぐそこらみてるようだが、それは大変な広さだ、あんた行ってごらんなさい。広大無辺ですわ、こんな広いとこあるかなと思うように広いですよ。そういうとこですからね」

――でも、もし戦争状態になったら、同一地区にあるのは問題でしょう。

「ああいかにもそうですけど、そのかわり防衛もいちばん厳しいとこですから」

――そういうことも考えているんですか。

「どうかしらんけど、あんたがそういう理屈でいえば、そういう理屈があるというわけだ」

――コンビナート防衛の軍事基地？

「そういうことになりましょうに。あんまり基地がちかいから危ないといえば、基地が防衛せにゃならんから、いちばん安全だともいえる。どこでもたいしたことはないってわけですね」

——大きい問題じゃないですか。

「たいした問題じゃない。おたがいに機能的に侵しあうというと、それは困りますがね」

——でも、射爆場が工業地帯のどまんなかにありますね。

「それはどまんなかってあんたたち思ってるかもしらんが、そうは思ってはせん、こっちは」

——しかし、かなり中枢のとこにありますよ。

「それはこのまえ流布されてるやつをそのままやるから、こっちは一三万ヘクタールのうちのどこに工場つくるかってのは決めてません」

——これはちがうんですか、工業立地センターがつくったプランは?

「ちがいますよ、ちがいますよ、ぜんぜんちがいますよ」

——すると、工場地帯の中心部っていうのはどこなんですか。

「それはいわれんのだ、まだ、まだ」

——しかし、ぼくは不動産屋でもないし。

「いやいや、それとてなかなか報道機関ってのは、すぐ書くのがなんだからね」

——これとはかなりちがうんですね。

「大変にちがいます、ということだけはもうしあげます」

――立地センター案を白紙にして、あらたにつくったプランがあるんですか。

「それはわからんです。それは工業立地センターがつくったものとは大変ちがうだろうということ」

――おなじってことはありえない？

「ありえないと思いますね、わたしは」

――ここに出てるものと、ぜんぜんちがうわけで？

「まあ、そう思っていいでしょうね」

――県は一万五〇〇〇人の立ち退きといってますが、自分の土地に残りたい農民にたいしてはどうするのですか。

「いろいろ県としてのお考えもあるでしょうね、われわれもわれわれとしての考えがやっぱりある、相談して決めるわけですけどね。県がおやりになるにしても国がやるにしてもね、あるいはわれわれが一緒にやるにしても、あとの、ま、移ってもらうにしても、いかに自然に暮らすかということは絶対必要なことですからね」

――最終的に立ち退かない場合はどうするのですか。

「最終的に立ち退かなくてもけんかする気はありませんな。仮に死んでも立ち退かんというひとがあっても、殺すわけにはいかないんですから」

――用地買収の立法措置は考えてませんか。

「立法措置なんてよほどのことで、簡単にそんなことわれわれは考えておりません、わたしは考えておりません。考えておるひともあるかもしれないが、わたし自身はそういうこと考えていない」

――「国家的事業」といわれてますが、そうですか。

「そりゃそうでしょうね、ナショナル・プロジェクトですよね。そうじゃなきゃ、こんな大きなこと考えられません、だから内閣でもそういう何をしましたがね」

――的が間にはいるのとで、どういうちがいがあるのですか。

「どうですかね、これはあんたたちのほうがよう知ってますな。仮に、国会議事堂たてると、これは国家事業ですよ、まちがいなく」

――つまり、この開発は民間がイニシアティブをとっていくということですね。

「まあ、あくまでもというわけでもないですが、民間が大いにイニシアティブをとろう、と」

――会社は開発を閣議決定してもらうように要望していくんですか。

「それはもう、閣議決定になることはもう、このままえも閣議了解が」

――ようやく閣議にもちこんだということでしょう。

「まあそのぐらいですね、しかしかなり総理が強い発言をされたという気分でみてますけどね、それをさらに決定となるにはもうすこし時間がかかります」

――財界の感触は、どうですか。

「それはね、わたしいろいろなひとにお眼にかかるけれどもね、大いに激励してくれますわね。これはま外交辞令もありましょうが、しかし実際に資金も一五〇社だしてますから、このつぎに増資といっても、おれはやらんとはおっしゃらないでしょう」

――鹿島の開発とはどうちがいますか。

「それはちがう。むこうはもう部分ですからね。鹿島のだいたい一〇倍ぐらいのやろうっていうんですから」

――こっちは、日本株式会社？

「ええまあ、そんなとこですな。とにかく日本ということ頭におかなければやれませんよ。しかしぼくは日本というばかりでなく、世界につながると思うております。それまでの大きなあれなら世界につながりますよ。昔から千里騏驎なんていわれますが、ほんと万里騏驎になってますからね。だんだんに世界に近づきましょうな、これはほんとに近づきますよ」

民間大企業の代表者である安藤社長と会って、むつ小川原地域への工場進出とは、公害で行き詰った工場の脱出先、との印象を強くした。だからこそ、必要以上の広大な面積を必要としているのである。

一方、大工場進出の期待に眼が眩んでいる県は、「国家的事業」であるからとして、国家の積極的な介入を要望していた。竹内知事が「大規模工業基地建設促進法」(仮称)の制定を強く要望していたのは、これによって地方自治体の財政負担を軽減させ、法律をバックに用地買収をスムーズにすすめようとするためだった。しかし、七〇年一〇月に現地を視察した佐藤一郎経企庁長官は、「開発のための特別立法の必要は認めていない」と発言して、県にショックを与えた。

そのあとも、農地転用の認可には農林省が反対し、国有林の払い下げには地方財務局がクビをタテに振らず、超法規の開発というわけにはいかなかった。安藤社長が「閣議了解」と語ったのは、彼と会見したすこし前の五月一八日(七一年)、はじめて佐藤長官が閣議で報告したことを指している。

が、それはけっして、竹内知事がこだわっていた、「特別立法がムリなら「閣議決定」のお墨付きを」との要望が実現した、というものではなかった。

五月一九日の『日本経済新聞』は、ベタ一二行ほどで「佐藤長官が閣議の席上、むつ小川原開発について関係各省に協力を要請し、佐藤栄作首相も「各省の取り組み方がバラバラにならぬよう」と指示した」と報道している。

ところが、この日の『東奥日報』は、一面のほとんど全部をついやし、凸版の大きな横見だしで〈巨大開発は国策で〉〈首相、閣議で促進を指示〉とブチ上げた。

「この首相の発言によって、同開発計画はナショナルプロジェクト(国策的見地からの開発)として進めてもよいとの了解を取り付けたものと、関係省庁および県では受け取っている」(傍点引用者)

これがタテ五段の見出しにつけられたリードである。「受け取っている」とは、主観の表現でしかないが、あたかもそれは、「決定」のように、強引に解釈され、大記事に水ましされた。

記事はこの報告を受けた竹内知事の記者会見をもとにして作成されているのだが、仔細に読むと、「閣議ではこの開発計画を決定、了解というものではない」との保利茂官房長官の談話も掲載されている。が、その談話は隅に追いやられ、知事の希望的解釈が、あたかも決定のように大々的に扱われたのだった。

七段ものスペースを割いた無署名の「解説」には、こう書かれている。

「最終的には〝閣議報告事項〟として取り扱われることになった。閣議決定あるいは了解にくらべると〝拘束力〟に欠けるが、佐藤総理から直接、関係閣僚に一致協力して開発を進めるように指示があったことは、同開発計画はじまって以来のことで、全国一一ヵ所の大規模工業基地候補のなかでも、最優先されている証拠といえる」

この水まし記事は、開発地域の農民たちに、「国策では敵《かな》わない」「強制収用される」との諦めをつくりだすのに大きく貢献した。坂上田村麻呂の「蝦夷征伐」とのちがいは、現地の首長がすでに恭順の意を表していたことと、それ以上に情報操作が巧《たく》みだったことにある。

5　反対同盟

「村民は巨大な不幸を背負ってくる巨大なホラに、いま追われようとしているんですナッ」

六ヶ所村の寺下力三郎村長は、尻上りの語尾で皮肉っぽくいった。「巨大開発」を巨大なホラといい切ったのである。

分教場のような横板を打ちつけただけのちいさな村役場。そのまたちいさな板張りの村長室の隅に机を置いて、五九歳の「役場書記あがり」を自称する村長は、こっちをむいて坐っている。いささかのハッタリもない、謹厳実直さが一眼でわかるタイプだが、細面ながら眼鏡の下の下顎はがっちりしていて、なかなかジョッパリそうである。

椅子のうしろには、木製の本箱がたっていて、地方自治法などの資料がキチンと並んでいるのがガラス戸越しに覗かれる。奇妙なのは、その横の板壁にぶら下がっているハエ叩きで、暇なときには陽溜りのなかで、ひとりでハエを追っている姿を彷彿させた。

板壁と天井とが接するあたりには、額に収まった歴代村長の写真が十数人分も並んでいて、後輩の村長の執務ぶりを見おろしている。寺下村長は机の上に渡したガラス板に両手をおいて、心もち首を突きだし、義太夫でも語るようなポーズでいった。

「国有地を利用するていどの開発、これが村の原則です。それ以上のものなら、住民の声を背景にして、全面的に対決します。ま、蟷螂《とうろう》の斧でしょうけどナ」

この四ヵ月ほどのあいだに、彼の開発にたいする姿勢は挑戦的なものになっていて、わたしを驚かせた。彼は発行したばかりの村勢要覧『ろっかしょ』に、こう書いている。

「この未開発の地が人間尊重のための聖域として成長するか、或は、轟音と天地水汚濁の利益優先の修羅場と化すか、前途予断を許さぬものが多い。悠久無辺、「雀そこのけお馬が通る」の詩心だけは児孫に伝えたいものである」

寺下村長は、開発を「利益優先の修羅場」とみているのを隠さなくなっていた。四ヵ月前、はじめて会ったとき、彼がもうすこし控え目な発言をしていたのは、初対面であったからかもしれない。

県の計画では、六ヶ所村の農民は全滅させられそうですが、どう考えますか、とわたしはいきなり質問を投げかけた。

「いまの考え方としてはですな、具体的に残る部落があるとか、あるいはどこの田んぼがどうなるとか、こういうのはご承知のように説明がはっきりしていない段階で、中央のほうでは、六ヶ所村の大半がはいりそうだと、面積のことについても最初にうちだしたのと、いまになるとだんだんに面積もひろくなって、そういう関係でございますので、具体的にどこの部落をどういうふうにするとか、あるいはまたどっかへ移動するとかと、こういうふうな段階にはいっていないんですナ」

——県がつくったパンフレットでの計画をみて、具体的にどう考えられているのですか。

「結局、わたしの考え方は、従来からここにおる農民と農地が、あまり移動するとかあるいは消滅するとかという状況でないような開発計画をたててもらいたいと、こう希望する以外はですな。いまのは面積もひろいし、国のほうではこれを最後の拠点、最初はちいさな規模だったけども、だんだん大きくなっていくというのは、結局、ここより日本全国に適地はないんだと。裏をかえせば、ここに一大工業地帯をつくるといいますか、人間を立ちのかせて汚染地帯をつくると、こういいますか、そういうふうな受取りかたもされそうなフシもあるんです」

——計画では、立ち退きさせられるのはあきらかですね。

「ですから、住民の、ここを立ちのかなくてもいい状況、あるいは最小限度に、鹿島の場合ですと二〇—三〇地帯より移ってませんけど、まあ、あの形より多少ふえるとしても、あまり大きくない移動、これを基本にしたいものだとこう考えて、さいきんはその線で新聞などに話してますけど」

——それは県や国へ要望しているんですか。

「いまの段階ではそこまでいっていないわけです。話あいの場ももっていませんし、新聞の取材のとき、地元の村長としての意見を発表すると、こういう段階でございまして」

——どこかに、最終プランはあるんでしょう。

「これは中央のほうで、業界側の要望でしょうけど、新聞に載ってるのはおそらく業界側の要望だと考えてんですが、県の考えかたはまだでていないわけです」

——東通村の原発予定地の場合は、企業の意向と県とは一体化してましたね。

「そうですな」

——むこうは、プラン通りにやってくるでしょう。

「土地の強制収用はしないといってるもんですから、地元の要望は全面的に受けいれるだろうと、こういう考えのもとに行動してるわけです」

——村議会で反対、といけそうですか。

「そこまではまだいってませんが、巨大開発が巨大な不幸に、地元民の不幸にならないような線でゆくのは、村会議員だって当然その通りです、そういくべきなんです」

——そういうふうに進めていくのですか。

「そういうつもりです」

彼は慎重に答えた。

——それでも、すでに山林や原野の買収がすすんでいるとしたら、農地や宅地が落ちるのは時間の問題でしょう。

「それでも、部落ぐるみでどうするとか、そういう事態になりましたらですな、これは当然、地元民が結束してコトにあたらなくてはいけないと思います。そうはまたいちがいに彼らのいいなりにというと語弊がありますけど、ここでなん代も暮らしてきてるもんですから、そう簡単に祖先墳墓の地をそうそう立ち退かれるものではないし、それからまた、一万二〇

○○人がよそさまへいっても十分暮らせるもんではありません。

適応性のある人もあるでしょうけれども、半分以下あるいは三分の一ぐらいは、このままよそへ行くと脱落者になります。そういうひとたちは、ここでこそまがりなりにも、辺鄙《へんぴ》なとこといわれながらも、生活程度が低いといわれながらも、ここで暮らしてきてるんですから、当然ここにおるための運動はしなければならないし、村長としてもしなくてはならない、とこう考えているわげです」

——村長として先頭にたって反対する、ということですね。

「そういうことですな。わたしはこういってるんです。レベル以上を対象にこの開発計画に対処するか、それとも水準点以下の村民を基準にして開発計画と取り組むかと。こういった場合にですな、いわゆる人間尊重とつながるわけでありますけれども、さっきいったように、ここでなければ暮らせない人間もたしかにあるものですから、その連中を主体に、いわゆる水準点以下のですな、それらの村民を主体にこの開発計画と取りくんでいかなければいけないと、こういうふうな考え方で行動し話しています」

——村としては村民に土地を売るな、とかPRしてるんですか。

「土地を売るなってことですな。ブローカーの口車にのって二束三文に売るようなことがないようにと、それから自分の権限を主張する時がくるようになるので、これ他人のものになると、そこに工場建てようが汚水を流そうがなんともいえなくなりますから、そういう事態がきてもいけないので、見通しがつくまで土地は売らないようにといっていますが、各部落には手数料もらってのブローカーの手先があるもんですから、その連中は多く動かすことによって手数料や買って売った分の差額が多くはいるもんですから、暗躍がしきりだというわけで、村長の考えとは裏腹に、売られていく面積がふえて困ってるんですけれども、うちのほうとしては売らないようにって再三いってるわけですジャ」

——結局、巨大開発とは地元民にとってなんだ、と考えておられるんでしょうか。

「わたしはよくいってんですけどナ。巨大開発は周囲のひとにとってはいいことでプラスになるでしょうけど、ただ火事場騒ぎの火元とおなじで、火事の大きいほどみるひとは痛快でしょうけど、焼けるひとにとってはこれは大変なわけですよ。国のほうでは、人柱までいかなくても、ここの四〇〇〇人や五〇〇〇〇人の人間は、あまり意に介していないようなフシもあるようですナッ」

寺下村長はそのときすでに開発に反対だった。が、外にむかってはまだ、明確に反対を標榜していなかった。それはまだ開発が海のものとも山のものともつかなかったからでもあった。彼は、鹿島開発に抵抗し選挙違反に問われて失脚し、いまは奇人あつかいされている鹿島町の黒沢義次郎元町長を引き合いにだして、「一年半後には、〝栄光ある落選〟ですかナ」と笑っていった。

机のまえの椅子から立ちあがって、わたしが帰りかけると、彼も「いや、どうも」と立ちあがり、「死んでから墓に馬の糞《くそ》をあげられるようなことだけはしたくない、そう思っていますナ」と自分にむかっていうようにいった。それで、わたしは彼を信じた。
墓前に笊《ざる》に盛った馬糞を供える。そんな風習は、地主に苦しめられた小作人たちの悲しくもユーモラスな抵抗の方法だった。朝はやく、まだ湯気のたち登っている、黒い団子のような馬糞が供えられた墓を、彼は子どものころにみたことがあるのかもしれない。一年半前、助役から村長になったばかりの寺下村長は、開発に賛成して政治家としての長命を選ぶよりも、開発によって犠牲になるひとたちとともにたたかって、歴史の評価に身を任すことを決意している。

上北郡六ヶ所村は、県内でももっとも貧しい村のひとつに数えられている。たとえば、その財政状態をみると、四億七〇〇〇万円(一九七〇年度当初予算)の歳入のうち、村税はわずか五％しか占めておらず、ほかに村債一二％、あとの残りは地方交付税、国庫支出金、県支出金などで七三％も占めている。

だから、当然、ひとり当りの所得水準も低く、年収一八万九〇〇〇円と県平均の七五％程度であり、住民税も均等割の低所得者層が約半数を占めている。

『上北農林業の動向』によれば、農家戸数一六〇〇戸のうち、専業農家は半数たらずとなっている。平均耕作地面積は三ヘクタールと、一見ひろいように感じられるが、水稲の反収量は三二五キログラムと、この地方では最低(最高地区では五一六キログラム)であり、馬鈴薯でも一五五〇キロ(同一九七〇キロ)、とうもろこしは二七二キロ(同四四四キロ)とそれぞれ最低にランクされ、米の質でも、生産量の九〇％が四、五等級になっている。

こうして、粗収入平均では、一農家あたり九〇万円の低所得であり、あとは出稼ぎによって(出稼ぎ率五〇％)カバーする生活形態となっているのである。

たしかに、低生産性と低所得は、そのまま離農・離村の条件を形成しやすいのも事実だが、その一方では、現在の土地と住居があるからこそ、ようやく生活が成立しえているという関係にある。

たとえば、地代も、家賃も無料で、狭い土地で耕作したものを食糧にして自活しているひとが、その狭隘な土地を売り払ったとしても、手にする金額はわずかなものしかないし、周辺の地価が日ごとに高騰しているいま、その零細な補償金であらたな土地と家屋を購入するのはむずかしい。かといってさほどの転業資金にはなりえない。

六ヶ所村二四〇〇戸のうち、農業人口は五三％で、残りのひとたちはたいして土地を所有していない。彼らが土地から追いだされたあと、どこでいままでの最低生活が保証されるか。それが寺下村長の開発批判の根柢にある。

工業立地センターの計画によれば、六ヶ所村二万五〇〇〇ヘクタール(水田九五〇、畑二九一〇ヘクタール、残りは山林原野)の民有地は、ほぼ全域にわたって工場用地と化し、無人地帯にされてしまうことになる。寺下村長は開発によってこの土地から引き離された住民の、その後の〝修羅場〟をみるにしのびないことを強調した。

それでなくとも、各部落の有力者たちの暗躍によって、民有地一万七〇〇〇ヘクタールのうち、四〇〇〇ヘクタールが登記上すでに移動し、ブローカーの手に渡っている現実がある。

開発は農民を工場へ吸収し、低生産性の農業収入から都市型の所得水準に変わると喧伝されている。しかし、中高年層はむしろ労働力としては相対的に過剰で、彼らは低賃金構造の底辺に落ち込むだけにすぎない。新鋭オートメ工場は中高年を雇用する必要はないし、都市の勤労者の生活もまた、喧伝されるように豊かなものではないと誰も教えない。

県はいま開発公社を通じて、該当地区二市七町村の首長に「協力会」をつくるよう要請している。これによって九月上旬から予定されている買収作業を円滑にしようという狙いなのだが、六ヶ所村では住民の主張を貫くための対策会議を強化し、啓蒙活動をはじめる、と寺下村長は語っている。

わたしはこれまで、いたるところで、「プランがはっきりしていないから、対応のしようがない」という意見を数多くきいた。「はっきりしないものには反対のしようがない」というのであるが、この一見もっともらしい意見は、反対運動を決定的に立ち遅らせている。

県も経済企画庁も通産省もむつ小川原開発会社も、これから慎重にプランを作成することを口実に、いまは何も発表できないと語っている。しかし、日本工業立地センターの第二次プランは現実に存在している。県の開発室も、むつ小川原開発会社も、第二次プランは、第一次プランよりもさらに拡大されたものである、とはっきり言明している。

が、そのプランを、いま発表する意志がないと、安藤豊禄むつ小川原開発社長は語っている。九月上旬(七一年)から、用地の買収にはいると県が表明しているのは、買収予定地がすでに決定されていることを証明している。

「県民のための開発」を知事が唱えている以上、その計画内容を地元にあきらかにして、住民の納得をうるのが当然である。自治体としての六ヶ所村にいまなおなんの説明もないのは、中央の密室で作成されたこの開発の本質を物語っている。計画があきらかにされないのを理由に、「計画発表を待ってから態度を決める」とするのは日和見というものであって、開発の俎《まないた》に載せられてなお無抵抗なのとおなじである。発表されたときには、事態は半ば終っていよう。

寺下力三郎さんが朝鮮にむかったのは、一九三九(昭和一四)年二月下旬だった。かつて北浜街道と呼ばれた太平洋岸に沿った心もとない雪道を北から南に平沼まで下り、平沼から右へ大きく折れて丘陵地帯を越えると、陸奥湾がひろがっているのがみえる。いまならクルマで三〇分たらずの道のりだが、そのころはバスも通っていなくて、寺下さんはこの二五キロの道を歩いていった。

陸奥湾のもっとも奥にある町が野辺地である。ここに東北本線の停車場がある。野辺地から一路南下して、日本列島を縦断し、本州西端の下関で関釜《かんぷ》連絡船の船底に身を横たえた。二六歳になっていた。

養蚕教師(指導員)として、北上山系に点在する貧しい山村を歩きまわっていた青年が、なぜ、卒然として植民地へむかう群れに身を投じるようになったのか。

「やっぱり精神的な行き詰りなんてのがあるじゃありませんか。教師に飽きたとか、あるいはひととの折り合いの関係があって、こんなとこより別天地へ、というつもりがあったようですナ」

寺下さんは突き放したいいかたしかしないのだが、朝鮮人の女性と結婚して現地に骨を埋めるつもりだった、というから、当時としては尋常ならざる決意といえる。

子どものころの仇名が、「テカリ」だった。ハゲやケロイド状の傷を指す方言である。祖母がくべた囲炉裏の火が弾ね返って、彼の後頭部に大きな火傷の跡を遺していた。軒先まですべてこれ官山だったこのあたりで、寺下の実家は珍しい自作農だった。とはいっても、ヤマセに襲われる冷害地帯ではコメの作付など望むべくもなく、父親はたいがい村の衆を引き率《つ》れて北海道へニシン獲りに出かけていた。

村の有力者の子弟、ということもあってか、近所の子どもたちから馬鹿にされることはなかった。村にできたばかりの小学校高等科に一年通ったあと、野辺地に寄宿してそこの高等科にはいったのは、父親の教育熱心さをあらわしている。が、ここでは頭に大きな傷跡をもつ転校生はさっそくいじめの対象となった。「テカリ」「テカリ」と囃《はや》したててうしろをついてまわる少年もいた。全員、イガグリ頭の時代で、隠しようもなかった。この体験が、反骨の精神を形成するに役立ったようである。

高等小学校を卒業して、七戸《しちのへ》町にある県立の蚕業試験所の講習科にはいったのは、満たされない向学心のためもあった。村の中では比較的めぐまれた家の三男坊だったとしても、五

寺下力三郎さん（撮影＝炬口勝弘）

年制の旧制中学に通えるほどではなかった。講習科では月に一〇円が支給された。一年半で資格をとったあと、さらに二年試験所に残っていた。

北上山系の寒村である上閉伊《かみへい》郡川井村からはじまって石鳥谷《いしどりや》、氷詰《ひづめ》、遠野、岩館、浪打などを歩いたのは、岩手県の息がかかった「縣是《けんぜ》製糸」の養蚕指導員としてである。四月から一〇月一〇日まで、春蚕から夏蚕の指導をして農家を泊り歩く。六ヶ所村も貧しい寒村だったが、炭焼きを生計《たつき》とする岩手の山村は、さらに惨憺《さんたん》たるものだった。本家中心の「名子《なご》制度」によって、二、三男はいわば本家の作男であり、小作人は「旦那」の農奴だった。

養蚕指導員は、蚕になってから生糸を吐きだすまでの期間の指導を担当するのだが、寺下さんは温度をあげて卵が青味を帯びて孵化《ふか》するまでをも指導する「催青主任」になっていた。酒も煙草もやらず、まじめ一方の努力によるものだが、そのころになると養蚕事業にもかげりがみえるようになっていた。

夏繭を終らせて村へ帰っていたとき、村役場に勤めている先輩の中村源次郎がやってきた。日本窒素肥料の朝鮮工場がひとを募集している。「おらも行ぐからお前《めアべ》も行こう」という誘いだった。中村は勧業課にいて、北海道への出稼ぎや就職などを世話していた。

朝鮮窒素肥料が設立されたのは、それより一二年前の一九二七年だったが、それ以降、拡張に拡張を重ね、全国の町村から労働者を集め、本拠地の興南邑《ゆう》は、人口六万を越えていた。

寺下さんが決心したときには、国内の採用試験は終っていた。彼は朝鮮の工場に直接手紙をだして採用された。旅費は支給するとのことだった。けしかけた中村は遂に出発せず、六ヶ所村から旅立ったのは、彼ひとりだった。

下関を深夜に発った船は、早朝、釜山に着く。そこから北上して京城は夜になる。そこから夜行に乗り換え、元山、咸興《かんこう》と汽車は走っていった。会社から追い返されたらどうしよう、とのかすかな不安はないではなかったが、どんなところかの好奇心はあった。山村ばかり歩いてきた彼にとって、大工場ではたらくのははじめてのことだった。

興南についたのは朝だった。寒気は身をひきしめるほどに厳しかったが、日本海に面しているためか、雪はなかった。駅に降りたつと眼前に鋸《のこぎり》屋根の大工場群がひろがり、なにやら得体の知れない轟音が響き渡っていた。煙突からは景気よく煙がたちのぼり、拡張工事にひとびとが動きまわっていた。

「とうとうここまできたか」

そんな感慨があった。ここに骨を埋める決意があった。が、うまくいかなかったら帰ろう、とする貯えはもってきていた。「僕も行くから君も行け」と喧伝された「満蒙雄飛」には乗らず、朝鮮にしたのは、最悪の場合でも、朝鮮からなら帰れるだろうとの年長者の読みもあった。

朝鮮の興南に工場が建設されたころ、本拠地の水俣から渡っていった労働者は、こう証言している。

「炭坑でも紡績でも、悪い話が多かったもんな。朝鮮だけは、なんか風向きが違ったもんな。安喜どんの嫁御が、何年越しか、帰って来らった。

「あんたたちは、あっち行ってから、旨い物を、食うとっとやろなぁ」

「何もないとき、竹輪、テンプラ」

それこそ、村中に一大センセーションを巻き起こしたわけたい。こっちは、盆か正月に、はじめて授かっとやっでな。

「ぜいたくか。こっち居《お》るときは、食うや食わずで居《お》って」

そげん極楽みたいな所が、娑婆《しゃば》にあっとやろか、て誰でも思うたったい。そしたら、だんだん伝わって来る話が、本当じゃもん」(三浦誠。岡本達明、松崎次夫編集『聞書水俣民衆史』㈢より)

「最初は、馴染子とか、手がけちゃならん女に手を出して、居づらくなった者とか、食い詰め者とか、石もて追われるような者から、朝鮮に渡ったったい。次には、次男三男が、全部出て行った。最後は、長男まで行くようになった。まるで、堰が切れて、溜まった水が流れ出すように、朝鮮に行きだしたもんなぁ」(松崎辰吾。前掲書㈢より)

寺下青年を捉えていたのは、喰い詰めた逃亡者の暗鬱ではなかったし、かといって外地で一旗揚げようという野心でもなかった。もうすこしちがう生活をしてみたい、という哲学的な懊悩ともいえた。

面接のあと、第二研究部に配属された。第一研究部は基礎研究だが、第二は実験を担当した。このとき、朝鮮窒素は、カーバイトから合成ゴムを抽出する実験をはじめていて、彼はその実験工、となったのである。

海を背にして建っている興南工場は三方に広大な社宅を配置していた。北側の柳亭里と南側の九竜里、そして西側の天機里《チョンギリ》社宅である。

天機里は工場の正門前、山の手に位置していて、クラブや病院や武徳殿、それにカフェなどが並んでいる中心街だった。寺下さんはこの天機里社宅の紫雲寮にはいった。職制クラスがはいる寮にいれられたのは、教師の前歴に敬意を表されたためだったかもしれない。内地と同様、ここの社宅の階級差は厳しく、月給制社員は一戸建てで、現場の組長以下はアパート式、一般労働者は九竜里の長屋に住まわされていた。

独身寮は、廊下をはさんで両側に部屋が二〇室ほど並んでいて、ふたりずつはいる。彼に与えられたのはその角部屋で、相方は熊本からきていた同年輩の組長だった。

工場には、熊本ばかりか、佐賀、福岡、鹿児島、沖縄、臥蛇島の出身者たちが集まり、労働力不足から朝鮮人も採用されるようになっていた。彼が帰るころには、六ヶ所村からもなん人かやってきた、というから、全国から集められていたのである。

日給は一円八五銭だった。ところが、一緒にはたらいていた朝鮮人は、おなじ仕事で六五銭、それが最初に出会った植民地の現実だった。

若い朝鮮人の労働者は、化学反応を起こさせるために、一晩中ハンドルをぐるぐるまわしていた。寺下さんは自分でははっきり語らないのだが、監督工だったようである。

休みの日は、菜っ葉服を着てあたりを散策した。工場のまわりは海岸だったのと気候が厳しいためか、碌《ろく》に木など生えてなく、ちいさな松がひょろひょろ立っているだけだった。山側のほうには田んぼがあったが、反当り一俵がせいぜいだった。田植えから稲刈りまでのあいだ、彼は六ヶ所村や北上山系の痩地の水田を想い起しながら歩きまわっていた。

それは青年期の鬱屈でもあったのだろうが、ぶらぶらやってきては話しかける日本人は珍しかったのか、あるとき、「両班《ヤンパン》(旦那)はアカですか」と問いかけられた。なにかの調査と勘ちがいされたのだが、寺下さんは「いや、退屈だから歩いてるだけさ」と答えた。農村でも日本語教育が徹底していて、言葉に不自由は感じなかった。

秋になると、各家庭では冬に備えてオンドルをつくり直していた。土を入れ替えているのだが、煙道は肥料《こやし》にするとのことだった。春になると、焚き木もなくなり、草をむしってオンドルにくべていた。春飢《しゅんう》という言葉をこのとき知らされた。農民たちは、二〇戸、三〇戸とまとまって暮していたが、地主以外は、押すと倒れるような粗末な小屋に住んでいた。

歩きまわっているうちに、寺下さんは次第に工場建設が付近の農民たちを犠牲にした現実を知るようになった。このあたりにいた商人たちは場末へいってしまった、と古参の労働者がいうのも耳にはいった。開発する側と開発される側の断絶に気づかされたのである。

日本窒素肥料が、いまの北朝鮮にあたる咸鏡南道咸興郡雲田面(興南)に朝鮮工場を設立したのは、一九二七年五月である。ときの憲政会内閣は、関係の深い三菱に鴨緑江の水源を利用する許可を与えていた。その支流の赴戦《ふせん》江と長津江を利用して巨大なダムを築き、水力発電を起こす計画がもちあがった。野口遵日窒社長を社長とする「朝鮮水電」が設立され、その電力を消費する大工場として朝鮮窒素が設立されたのである。

野口遵が初代邑長となった興南邑の人口は、一九三七年には六万人だったが、敗戦前には一八万人を越えた。このうち、労働者は四万六〇〇〇—七〇〇〇人、学徒動員、産業報国隊などのほか、囚人、捕虜、軍隊の応援までふくまれている。最初のうちは日本人だけだったが、敗戦時には「工員」の八〇%が朝鮮人だった、との記録もある。

興南工場では、日本の肥料の半分を生産していた、といわれている。農業の増産とそれにともなう土地改良が朝鮮総督府の方針であり、肥料はいわばそのための戦略物資でもあった。会社が所有していた土地は五百数十万坪におよんだ。そのうちの半分が工場敷地で、残りが社宅用地だった。

「野口社長のお供をして西湖津から天機里、九竜里、ずっと湾沿いに一望に見渡せる小山に登りましてね。技師長の工藤宏規さんも一緒でした。まだ寒くて高梁《コーリヤン》畑に霜柱が立っていて往生したのを憶えておりますよ。野口さんは山の上から手で指さして、

「あそこからここまで買収せえ」

といわれました。それがだいたい半径二キロメートルぐらいでした。あんまり広かったから、野口さんじゃないとね、決めきらんですよ。住んでいた朝鮮人は九竜里に移転させる、

九竜里を朝鮮人居住区にするということも、このとき野口さんの指示で決めました」(尾家麟祉。前掲書(五)より)

用地買収には、警察が動員された。よくやる手だが、はじめは別の場所を候補地としてあげ、本命を安い価格で買い占める。咸興郡守、咸興村長、雲田村長など村の有力者を動かし、咸興署長(日本人)が警官を引きつれて、抵抗する区長宅を包囲したりした。警官は会社の買収予定価格の四分の一ていどの坪五〇銭で承諾書にハンを押させ、抵抗する地主は投獄した。

工場建設には、一日一万人を使役した。ほとんど朝鮮人だった。間組も西松組も五〇〇〇人ほど使っていた。水豊の発電所建設では、七万人を移住させた。使った労働者は三万人、このときは、朝鮮人と中国人とが半々だった。

発電所の水路には雪どけ時期になると、水死体が七、八〇体も浮いた。野宿させられた中国人で、一〇〇人ほどがひとかたまりになって凍死しているのも珍しくなかった。

「連れてきたが最後、朝から晩まで叩きまくって使って、賃金は全然やらないんです。食い物といったら、一食に小さな饅頭《マントー》が二つに油のギラギラしたスープが茶碗に一杯です。塩と油のスープですよ。食べるだけだから、いつかは賃金くれるだろうと思って待っている。ところが九月の末頃、もう工事ができなくなって帰すときは、一週間分なら一週間分の饅頭を一食に二つ宛《ずつ》紐に通して貨車に乗せて、ハイさようならです。生き延びただけが幸せですよ」(平上嘉市。前掲書(五)より)

朝鮮に骨を埋める、と寺下さんは決意して興南にやってきた。出世しようとは思っていなかったし、身分制の厳しい会社でできるわけもなかった。ただ民衆のひとりとしてここで暮したい、と考えていたのさえ夢想にすぎないことがよくわかった。

汽車に乗っていると、「ヨボ、あっちへ行け」と日本人が朝鮮人を追払って自分で坐った。職場では相手の名前などには関心なく、「オーイ、ヨボ」ですませていた。ヨボは「余補」、加藤清正が滅ぼした余り、と彼らは信じたがっていた。

「お前さんがたも、朝鮮くんだりまで流れてきたんだから、内地で優秀であったら、まっとうな生活をしていれば、ここまで来るはずがないでしょう。ここまできて、なにもヤマト民族がなんの、天皇の子孫がなんのって、そんなことしゃべったってだめなんだから、もうおたがいここで死ぬつもりで、ここへ骨を埋めるつもりできてるなら、そういうことではいけねえんじゃねえの、あまりえばるな、としょっちゅうしゃべってたんですな」

同僚たちを諌《いさ》めたにしても、せいぜい煙たがられるのが関の山だった。彼は「オヤジ」と仇名されて、敬遠されていた。

六ヶ所村へ帰ろう、と決心した。あまりに植民地的すぎる、との憤りがあった。「五族協和」などといっても、朝鮮人を蔑《さげ》すんでいるだけだった。こんなところにいては人間が駄目になる、といたたまれなくなった。兵隊検査では筋骨不良のため丙種合格だったが、末弟が志願兵として出征することになって、実家では人手がたりなくなる、それが故郷へ帰る口実だった。

送別会がひらかれることになった。実験室では、小学校の助教師として日本語を教えていた崔導勲と姜徳煥のふたりの若い朝鮮人がはたらいていた。彼はこのふたりに送別会にはでないように、と釘をさした。会費の一円は彼らの賃金の一日半に相当するのを知っていたからである。

そのころになって、ようやく合成ゴムの抽出は成功していた。「これだけできた」と主任がひとにぎりの黒色のネバネバした物体をみせてくれた。ほかの実験班では、人造宝石をつくっていた。

日本に出発する前の日、崔導勲がお茶とお菓子を餞別にして、寮へ訪ねてきた。

「オヤジどんが」と彼は鹿児島弁でいった。職場には鹿児島出身者が多かったからだ。「オヤジどんが、内地へ帰られますと、またあしたからいじめられます」

悄然としていた崔青年の表情を、寺下さんはいまなお鮮明に記憶している。相手の名前でさえまったく気にもとめなかった植民地の工場では、朝鮮人と日本人とのきわめて稀な交流、といいえた。

七一年一月一日付、六ヶ所公民館発行の館報「わかくさ」に、寺下村長は年頭の辞を寄せ、巨大開発の予感についてこう書いている。朝鮮での体験がこの文章に反映しているようである。

「へき地とさげすまれ、へん地と笑い物にされはしたが、この土地で、幾百年とあい助け合い、ほそぼそと暮らしてきたわたしたちです。自分一人がよいことをするために、隣人を不幸にすべきではありません。

残されているうちでは、日本随一といわれる広大な土地、水資源、そしてほこるべき緑の環境をもった先祖伝来の土地が、先進開発地がなめたような、公害や人間砂漠の地とならないよう、お互いに研究し、要望いたしましょう。

金権をほこるものは、金のためにほろびるし、暴力をバックにするものも、やがてはぼつ落する。今こそ、人間の真の幸福とは何であるかを考えるべきです。

また、このままで進むと、開発にびんじょうして、暴力団をバックにした、暗黒の世界がくる不安があります。

政治は、よぎなく貧しい状態におかれているひとたちを、主体として行なうべきです。自分で生活できるひとたちの主張をしりぞける政治は、激しい批判がつきまとうものですが、私は「強い者には強く、弱い者には弱く」という信条のもとに、行動しております」

一九四〇年三月、寺下さんはおなじコースをたどって朝鮮から日本に帰った。六ヶ所村に落ち着く間もなく、こんどは長野県岡谷市にある丸興製糸に採用され、養蚕指導員にもどった。こんどの担当区域は栃木県の足利周辺だった。毛利田に会社の出張所があった。そこから養蚕組合に派遣される。製糸工場は品質が均一化した繭を集める必要があったし、農民にしてみれば会社の指導を受けると、繭を引き取ってもらえる保証があった。

葉鹿《はじか》、栗谷、松田などの山間部を歩いていた。強い雨が降り募《つの》ると、決まったように渡良瀬川は氾濫した。すると下流の田んぼの水が一面に白く濁り、何日かたつと白い沈澱物が田んぼのなかにひろがってみえた。それが田中正造が一生を懸けてたたかった足尾銅山の鉱毒だった。その体験もまた、寺下村長の開発への疑問を形づくっていた。

秋になって、繭の集荷場で事務をとっていたイク夫人を連れて、彼は六ヶ所村へ帰った。野辺地で東北本線を降り、大湊線に乗り換えて有戸駅に着く。ここから丘を越えて尾駮にむかうのが、雪がないうちの最短距離である。

有戸の駅前にある運送会社で馬車をたのんだ。

「何処《どこ》までだバ、兄様《あんさま》」

主人がきいた。

「六ヶ所さ行ってけろじゃ」

「六ヶ所？　六ヶ所さ行ぐのが」

主人は気の毒そうな表情で、一眼で他所《よそ》からきたとわかる夫人を眺めていた。そのころ、尾駮にはまだ電気は通ってなかった。六ヶ所はこのあたりでももっとも貧しい村として知られていた。轍《わだち》で深くえぐられた泥道を馬はガタゴト荷車を曳いて村にむかった。

冬に養蚕教師の仕事はない。家でブラブラしていると、すぐそばの村役場から使いがきた。南安太郎村長が会いたい、との伝言だった。

南村長は丸縁眼鏡にチョビ髭、細心ながら気骨のある人物だった。三本木（十和田市）の養蚕地帯の出身で、県の農耕技師だった弟の工藤栄一とともに、新納屋の開田事業を成功させ、乞われて村長を一期だけ務めた。そのころ、村長は選挙ではなく村議会で決めた。

「月給安いんであんまり勧めるわげにはいかねえけんど、他所者ばかり村長やるのは考えもんだぞ。土地に生まれたものが村長やるようにならなければ駄目だべ。養蚕教師の収入がいいのは、おらもよく知っている。だども、お前《め》ももう村のためになることを考える齢だ。お前《め》なら養蚕教師やって、百姓の暮しもよく判《わか》っているべ。どんだ。役場にはいって手伝ってけろ」

一風変っていて、偏屈なところがあるのが、見込まれたようだった。俸給は三二円、養蚕教師は七ヵ月はたらいて五〇〇円の高収入だった。しかし、結婚したばかりの寺下さんは、妻を家においてて半年以上も他県の山村をまわる生活に、不安を感じていた矢先だった。

一九四一年一一月、役場の書記に転身した。二ヵ月後、三五円に昇給した。これでどうにか生活できるようになった。

一九六九年一二月、村長選挙で当選。

新全総閣議決定は、その半年前だった。

こうして、「巨大開発」と開発批判派の村長が出会うことになった。

「開発というのは、どうしても現地の弱い人間を食って太っていくもんだ」

それが、興南、足尾、六ヶ所村とむすぶ寺下村長の認識であり、政治信念となっていた。

右手の下北半島と左手の津軽半島とによって、風から守られるようにして陸奥湾はひろがっている。その湾岸を走る汽車の窓から眺めると、まるで息をひそめているかのように静かな海である。東京湾の一・五倍、水深五〇メートル。湾口部は北側の津軽海峡にむかって大きくひろがり、それでもなおかつ波静かなため、企業にとっての「最高の湾」(安藤豊禄むつ小川原開発社長)とされている。このため、陸奥湾は「巨大開発」にとって、もっとも枢要な位置を占め、ここに五〇万トンのマンモスタンカーのシーバースが設置され、遠浅の沿岸は埋め立てられて石油コンビナートが張りつけられる予定になっている。

ところが、東京で、ひそかにこの計画がつくられている頃から、陸奥湾漁民に重大な変化があらわれだした。これまで出稼ぎに頼りながらようやく生計を立ててきていたのだが、この頃から養殖の道具に「杉の葉」と「タマネギ袋」をもちこむことによって、ホタテ貝の養殖は〝コロンブスの卵〟的な大転換をなしとげ、生産の飛躍的な拡大を可能にし、漁民たちに自立の自信を与えたのである。

産卵され、海中を浮遊しているホタテ貝の卵は、玉葱の出荷用のビニール袋のなかに入れられた杉の葉に附着し、成育したのち目が細い袋のなかに落下する。やがて直径三センチていどに生長した稚貝《ちがい》を海底へ移植して増殖したり、垂下籠のなかに収容して養殖する。移植してから二年ほどたつと、直径一二センチほどの成貝になり、商品としての条件を備える。

湾内全体で六九年が六〇〇〇トン、七〇年で九八〇〇トンの漁獲量となり、七一年の見通しでは、一万二〇〇〇トンにまで急伸している。キロ当たり四八〇円として、約五七億六〇〇〇〇万円の売上げが期待されている。こうして湾内漁民の陸奥湾をみつめる眼つきは、いまではまったくちがったものになった。漁民がようやく自分の手につかんだ生活設計と、工業開発にともなう巨大タンカーの入港や石油コンビナートの建設は、まったく相容れないという現実が、しだいにはっきりしてきたのである。

ホタテ貝の収獲量が六九年、七〇年が一億円、七一年が七億円(経費は一億円)へと急増する見通しにある横浜漁協(四〇〇人、うち専業六〇人)の組合長は、県漁連会長の杉山四郎さんである。彼は教師の経験もある穏やかな人物だが、「陸奥湾はもっとも大事な生産場だ。シーバースなどまっこうから反対する。湾内の漁業権は絶対放棄しない。実力でも死守する」と語気を強めていった。

野辺地漁協(三八一人、専業一二〇人)は、シーバース建設絶対反対の立場から、開発そのものへの反対の姿勢を強めている。七一年六月、野辺地町議会にたいして、「……漁民の生活は、他産業なみの所得水準に達することができる見込みであります。このように将来に明るい希望を持ち、いよいよ沿岸振興に期待をかけているこのとき、むつ・小川原開発が叫ばれ、恐れられる公害が心配されるに至っては、漁民の生活が一層深刻になるばかりであります」との「陳情書」を提出した。

三国久男副組合長は、こういう。

「日本のエライ人も、内地にきれいな海をひとつぐらい残してもいいべな。もし調査船がきたら漁船で取り巻いて阻止するつもりだ。海には代替地はねえがら。いまやっと漁師は金の卵をつかんだんだ。孫じいさまの代から苦労しつづけてきたけど、国はなんも面倒みてくれなかったベサ。漁師も権力に強くなったところをみせてやる。公害を起こさせない、というのは、湾内の漁師だけでなく、世界の漁師とおなじ気持だ」むつ市漁協(一七五人)も「漁業権放棄には、だれがなんといっても応じない」(野口参事)との態度を固めている。

たしかに、むつ市漁協は「原子力船」を受けいれ、七〇年に総額八〇〇〇万円の補償金を受取っている。ところが、かつての「むつ製鉄」の予定地だった埠頭での岸壁工事がはじまると、とたんに土砂で海が汚染され、ホタテ貝などに影響がでた。原子力船の係留港に漁業権の一部を売り渡したのは、むつ市漁民がもっとも貧しいころだった。

それでハシタ金に眼がくらんでしまったのだが、いまはホタテの養殖に成功した。原子力船「むつ」は、この秋、補助エンジンで横須賀からやってくる。ホタテの養殖がもうすこしはやく成功していたら、「むつ」はまた別な運命になっていた。ちょっとしたスレちがいだった。漁業経営に自信がついたので、後継者たちは地元の海に帰ってきた。彼らはたいがい、日魯漁業、大洋漁業、日本水産などの船に乗っていた。が、これからは、自分が主《あるじ》である。

これからの問題は、北海道、岩手でも養殖が盛んになっているため、生産量が急増することによるホタテの需給バランスだが、まだ全国の生産量は三万トン程度であるし、自然条件から生産地域も限られている。それに、輸出努力もしているので、当面問題はない、と県漁連では見通している。県漁連は、「公害企業誘致反対」の陸上、海上デモをおこなう予定である。

「むつ小川原開発」は、その名の通り、陸奥湾と小川原湖を全面的に利用するという壮大な計画である。三国さんのいい方を藉《か》りていえば、「青森県を財閥に売り渡すもの」ということになる。この途方もない開発は、まず最初に、長い苦闘のすえ、ようやく漁業での自立の道を築いた陸奥湾漁民の猛反撥をひきだした。最初にまわった四月(七一年)にくらべて、三ヵ月たったいま、不満と反撥の波はさらにたかまっている。

工場用地にされる六ヶ所村でも、吉田又次郎さんは、さらに明確な反対派になっていた。

「この開発は絶対住民のためになるものではない。最後の一人になっても反対します。わたしが〝悪党〟になればいいんでしょう」

彼はいい切った。

前に会ったとき、彼は「強制収用」を心配していた。県はこの開発を「ナショナル・プロジェクト」と喧伝していたからである。が、しかし、それは「国家事業」などではなく、「国家的事業」であって、あいだに「的」がはさまっている。県にはその「ようなもの」ともいえる曖昧さを意識的に使っているフシがある。たかだか民間事業であって、立場は対等である。わたしはそれを吉田さんに強調した。大きな頭を突きだすようにして顔を伏せ、じいっと耳を傾けていた吉田さんは、膝の上においていた右手で、ハタッと丸い膝を叩いた。

「ははん、そんですな。強制執行はない、ということですな」

と合点したのだった。

およそ一九〇戸ほどの平沼部落で、ほんの一部の土地でもブローカーに売っていない農家はない、といわれている。出稼ぎ戸数が七〇%、畑作が中心で生活が豊かとはいえないのには、三〇ヘクタール以上の海岸線が米軍の射爆場として接収され、地先漁業ができないこともその原因のひとつになっている。それでいて補償金は、ひとり当り一四〇〇円(六八年)にすぎなかった。

不動産業者からもらう手数料(売買いの両方で一割がふつう)欲しさに、部落の有力者たちが用地買収の「先兵」になっているのも、農民たちが浮き足だつのに影響している。吉田さんはいま、開発反対を表明するようになった部落内のひとたち一五人ほどで、なにかの組織をつくろうと考えている。

一七年前の五四年、彼は知事に直談判した。前年の凶作で自家消費のコメにさえこと欠いている村のひとたちのため、「援農米」を要求して県庁に乗りこんだ。村議会では貧農に米を貸しても、あとで代金の回収ができなくなるとして、貸与を否決していた。吉田さんには、目あき以上のことをしてみたい、との渇望があった。

吉田さんが完全に失明したのは一六歳、ハシカが原因だった。父親は網元だったが、彼は家の外にできた子どもだった。母親が貧しかったため、というよりは、そのころからもう眼が不自由になっていたためであろうが、学校には通えなかった。教室の窓の下で、教師の声にきき耳をたてていたこともあった、という。

両眼が完全にみえなくなった又次郎さんを、母親は尺八の修業にだした。冬でも褌ひとつの着流しで、凍てつく板の間に正座させられていた。いまでも、囲炉裏を前にしていつも端座しているのは、修業時代の名残りかもしれない。二〇歳になってから三味線をはじめ、旅芸人の一座にはいって県内とはいわず、秋田、岩手県にかけてまわり、群馬、千葉、新潟にも足を伸ばした。

あるとき、たまたま先輩の三味線弾きふたりに不幸ができて自宅に帰った。三味線が弾けるのは彼ひとりになった。それまで客の入りがいいわりには待遇が悪く、不満が強かった吉田さんは「腹が病《や》める」といい張った。待遇改善のサボタージュである。座長はあわてていい部屋に替え、食事の格もあげた、という。機をみるに敏なところがあったようだ。

五四年、村議会が援農米の申請を否決すると、四三歳だった吉田さんは壮年同志会を組織し、二〇〇名ほど集めて村民大会をひらいた。このとき、村役場の平沼支所長はいまの寺下村長だった。吉田さんは彼に決議文を書いてもらって、青森へ出かけた。太平洋岸の寒村にすぎない六ヶ所村から、県庁は距離的にばかりか、政治的にもはるか遠くに存在していた。

社会党の県会議員だった米内山義一郎の祖父は、平沼に広大な土地と二統のイワシ網をもっていた。そのため米内山は平沼で暮していて、吉田さんが失明するまえまでは、ふたりは相撲をとったりしてよく遊んだ仲だった。

米内山の紹介をえて、津島文治知事(太宰治の実兄)に面会した。

「あんだは、何時《いづ》から社会党になったんですバ」

津島は全盲の浪曲師を憶えていた。吉田さんは尺八と三味線ばかりか、浪曲にも手をだしていた。梅鶯のレコードをきいての独学だった。そのころは、むしろ浪曲師として知られるようになっていた。吉田さんは知事にむかっていった。

「知事さんに会うためだバ、社会党でもなんでもならねバ駄目でしょう」

ひとりで乗りこんできた彼の気迫に押されたように、知事は〝つなぎ米〟が六九七俵ある、それをだしましょう、と確約した。六ヶ所の農民は飢えずにすんだ。代金は吉田さんが回収して歩いた。

「あの時までわたしは政治に無関心な浪花節語りだったんです。あれから、政治というものは、自分でも動かせるもんだ、と判《わが》ったわけです」

貴重な大衆運動の体験だった。彼は、これから「明るくする会」とでもいうような組織でもつくって、村のひとたちと開発について語り合おうとしている。一〇人あつまれば一〇町歩になる、これだけでも最終的には買収に抵抗できる、という。

吉田さんは、四〇分物の浪曲を八〇本ほど暗記して村々を語り歩いてきた。これから開発に関するものや運動に役立つ資料を息子に読んでもらって、それを浪曲にして会合の場で語ってみたい、いまそう考えている。

七一年八月中旬、県は「むつ小川原開発推進についての考え方」(住民対策案)を発表した。はじめての正式な発表だった。

「この開発は、本地域がその舞台である以上、地域住民ひいては県民全体の繁栄と幸福に大きく寄与すべきものであることはもちろん、新時代におけるわが国の経済社会発展の重要な一翼をになうものである」

と前文にある。

開発区域は三沢市、六ヶ所村、野辺地町の三地域で、一万七五〇〇ヘクタール、移転対象農家はかねていわれていた四〇〇〇戸が、二〇二六戸、九六一四人に縮小されたとはいえ、それでもなお常識を超えた途轍《とてつ》もないものだった。

中心地とされた六ヶ所村は、総面積二万五三三〇ヘクタールのうち、一万二一〇〇ヘクタールを開発地域とされ、全戸数二四〇〇戸にたいして一一七五戸、五三二三人と、全村のほぼ半数が立ち退きを迫られることになった。が、六ヶ所村の調査では線引き内にかかったのは一二六五戸、六四三〇人となっている。それほど県の調査は杜撰《ずさん》だった。

この未曽有の計画の発表は、それまで開発に淡い期待を寄せていた村民たちを冷酷な現実に直面させた。自分たちが線引きによって囲い込まれ、ほかならぬ移転対象農家に該当しているのを知らされたのである。

二週間後にひらかれた村議会の全員協議会では、二二人の全議員が県の「住民対策案」に反対を表明した。さらに、八月三〇日、村議会場でひらかれた「むつ小川原開発六ヶ所村対策協議会(会長・寺下村長)は、住民対策案にたいする批判ばかりか「むつ小川原開発」そのものへの反対を、満場一致で決議した。

九月上旬に同協議会が実施したアンケート調査(村内全戸対象、回収率七〇・八%)では、開発反対が七六・六%を占め、「地域経済がよくなる」などの理由で賛成と答えたのは一一・七%にすぎなかった。「どちらともいえない」が一〇・六%、である。

このころ、発行された『中央公論・経営問題』に、わたしのルポルタージュ「むつ、小川原開発計画の現場を行く」が掲載された。四〇〇字詰原稿用紙で八〇枚ほどのものだったが、全文タイプ印刷され、対策協議会会長寺下力三郎が前書きをつけたパンフレットとして、全戸に配布された。そこで寺下村長は、こう書いている。

「住民対策どおりに開発が推進されるならば、われわれの墳墓の地「六ヶ所村」は、日本地図の中から消えてなくなることになり、今やわれわれは、有史以来の重大な岐路に立たされております。

村民各位が、この難局に対処してゆくための参考に、ここに次の資料を配布いたします」

このパンフレットは、『デイリー東北』に写真いりで掲載された。記事にはこう書かれている。

「開発予定地域内の現況をとらえながら、地域開発のあり方に鋭いメスを入れている。そして最後に、「青森県農民は明治以来の凶作の歴史とそれ以上の農政の失敗の歴史、とりわけいま総合農政の農民追い出し策としての減反政策に追いつめられた後に、巨大な力をそなえるに至った日本資本主義といまここで初めて全面的に出会い、対決を迫られている情況にある」と述べ、開発をきびしく見つめている。

むつ小川原開発六ヶ所対策協議会では、これが〝開発〟を考えさせる貴重な啓発資料であるとして配布することになった」(七一年九月一八日)

そのすこし前、開発にとって思わぬ伏兵があらわれた。それは海の彼方からやってきた。

米ドル防衛のニクソン・ショック、である。「巨大開発」はスタートした瞬間、たちまちにして暗雲に包まれた。暗い前兆であった。

上京していた竹内知事は記者会見して、産業界のショックは大きく、開発内容に多少の変化はありうると思う、としてつぎのように語った。

「財界の意向としても、花村経団連専務は私見として長期的展望に立てば開発計画の変更はないとしている。しかし開発会社の安藤社長は、財界の混乱からみて、業種によって強い影響を受けて事業計画を拡大するかどうか相当慎重になるものも出ると受け止めている」

(『東奥日報』八月二〇日、夕刊)

三沢市の繁華街は、あたかも米軍基地の附属施設であるかのように、ゲート前に長く伸びている。ゲートにもっともちかいところにあるのが米兵相手のバー街だが、その細い露地は夜になっても人影があらわれなかった。

それでも、その一郭にあるべ平連系の反戦スナック「アウル」だけは、ときたま賑わった。反戦兵士たちの集会がひそかにおこなわれていたからである。わたしは、ここのスタッフたちと開発反対のパンフレットやビラをつくって、村で配るようになっていた。クルマがないので、ヒッチハイクだった。

ひさしぶりに六ヶ所村の村長室に顔をだすと、村長の机のうしろの板壁に、白い封筒が画鋲で止められているのが眼についた。「トーフ代」と表書きされている。

「なんですか、これは」

秋の日溜りのなかで、首をすくめるようにして坐っていた寺下村長は、

「吉田さんがもってきたのさ。村長が開発賛成に変るんだバ、これで豆腐を買ってきて、その角に頭ぶっつけて死ね、という意味だそンです」

豆腐は一丁五〇円。半丁分の二五円しかはいっていないのは、頭がさほど大きくないようだから、それで充分だろう、との意味という。そこには、一八年前の「援農米運動」からの同志的な共感があらわされているようである。

吉田又次郎さんは、村内でいちはやく開発反対の声をあげた。ほかの村民とおなじように、はじめのうちは開発の夢をみていたのだが、立ち退きと公害の押しつけに敵愾心を強めるようになっていた。七一年九月三日の平沼老人クラブの総会で、会長の吉田さんが提案して、開発反対、立ち退き反対を決議した。全会員の署名簿を添付して、村長と知事に提出した「むつ小川原湖巨大開発反対趣意書」には、こう書かれている。

「二、三年前より表題開発はバラ色のタイトルで話題を呼んで来たのであるが、本件は基幹産業その他之に附随せる産業の総てが自然を破壊するのみならず、宇宙に於てもっとも尊重されなければならない人命まで物質視するものである。

特に開発を遂行する為、大多数の本村住民家族が移転を余儀なくされる計画は、眼に余る無謀な第二次世界戦争を引き起した軍国主義そのものと何ら変らない行為と言わざるをえない。

今日本は公害列島として全世界より敵視されている状態にあることは火を見るより明らかである。世界の人達と手をつなぎ平和に徹しようとするならば、先ず工業優先、公害たれ流しを防止することである……」

この文章の結論は、知事への計画の全面停止の要求である。相前後して、老部川《おいっぺ》部落(向中野勇代表)、新納屋部落(小泉市郎代表)が反対を決議、野火のように各部落へ波及した。

いまではこのあたりでも珍しくなった藁葺《わらぶ》き屋根の家に住む吉田さんは、自宅前に「むつ小川原巨大開発反対　平沼反対期成同盟会」の看板をたてた。

そこから一〇〇メートルも離れていない道のむこう側に、村内ではじめての鉄骨コンクリート二階のビルが工事中だった。肥料商である橋本農事の新社屋で、工費三〇〇〇万円。いちはやく土地の買収にうごいた成果の誇示でもある。不動産業「東栄興業」をつくって村内の土地を買い占め、やがてコンツェルン形成を夢みる橋本喜代太郎(41)の本拠地の玄関には、これまた村内ではじめてという自動ドアが放置された。

九月二一日、六ヶ所村議会は、村内の開発対策協議会にたいして、一〇〇〇万円の「助成金」を計上する議案などを承認した。年間予算四億六〇〇〇万円のなかでの一〇〇〇万円は大きい。この資金は開発反対の学習のため、公害先進地である鹿島工業地帯などへの視察の費用に充てられることになった。村費を直接、反対運動に投入して、県や国からチェックされるのを防ぐため協議会への助成金とした。

寺下村長が「村の存亡が問われている」と主張して、九名の議員の反対意見を強引に押し切ったのには、賛成派村議が台頭するその前に、予算を確保しようとの計算があった。

吉田又次郎さんは、浪曲をつくっていた。これからいろんな会合で語って歩く、という。四〇代の終りまで、彼は浪曲師として巡業して歩いていた。

浪曲「開発美談」

〽水や空、空や水なる太平洋
浪に生まれて浪に死ぬ
沖のカモメじゃないけれど
ドンと打つ浪　返す浪
明日の生命《いのち》も白浪の
男度胸のみせどころ。
うかがいまするお粗末は
開発難のお粗末を
本日おいでの皆さまの
清きお耳を拝借し
しばしの間ご清聴と

行く末までのご愛顧を
ひとえにお願いいたします。

ときは昭和四六年の八月一四日。むつ小川原開発にたいする住民対策大綱案が、青森県知事より発表されました。それを聞きました住民の騒ぎははなはだしく……。


「オイ太郎！」

「オッ？」

「昨日の話　聴いたか?!」

「どんな話なんでえ？」

「どんな話ってよう、我々はこんど、この六ヶ所村を離れなきゃならねえそうだ」

「エッ?!　六ヶ所村を離れなきゃならねえって？　どこさ行くんだ」

「どこへ行くったってねえ、あの東北町のよ、長者久保とか横沢《よこさわ》の方へ行くんだそうだよ」

「オッ！　そしたらなンだな。竹内知事のヤロー、我々を牛だって馬だって沢転びするようなところへ追払おうってんだなあ」

「そうだ、だからそんなことに驚かされちゃたまるかア。これから我々は反対しなければならねえ。同盟会でもなんでもつくって、一生懸命に反対しよう。だまされちゃなるものかえ」

〽きつね《知事》やたぬき《県議団》が来たならば
公害無害とだますから
その手にのったら最後の最後だ
孫子の代まで恨まれる
やつら《自民党》の資金稼ぎの開発だ
保留保留と云うけれど
やったら最後だ覚悟せよ
一歩も入れるな、村長さん。
いろいろ文句があるけれど
ちょうど時間となりました
開発美談のお粗末を
これにとどむる次第なり。

これは、わたしが「アウル」のメンバーや経済ジャーナリストの飯田清悦郎さんと一緒につくったパンフレット、『開発阻止のために』に収録したものである。

吉田さんは、会長を務める平沼の老人クラブで開発反対を決議させた。そのあと、部落で同盟会(緑青会)を結成させ、老部川、新納屋《しんなや》、泊、倉内、戸鎖《とぐさり》、などの反対組織を糾合して、一〇月一五日、「反対同盟」を結成、会長に選任された。副会長は泊漁場を守る会の田中銀之丞会長と倉内主婦の会の木村きそ会長、事務局長には教組の中村正七教諭が就任した。しかし、住民の組織である反対同盟に、労働組合としての教組(六ヶ所地区教組)が団体で加入しているのは、組織的にみても変則的なものだった。

反対同盟が結成されるすこし前、竹内知事は六ヶ所村議員団(古川伊勢松議長)を青森市内のホテルに招いて、むつ小川原開発の第二次案を提示した。

第一次案の発表からわずか一ヵ月しかたっていないにもかかわらず、開発面積は一万七五〇〇ヘクタールから七九〇〇ヘクタールへと五五%も縮小した計画で、移転対象戸数は八九八戸、四六一九人も削減して三六七戸、一八一一人、という大幅な撤退となった。

経済企画庁の了解ずみの発表とはいえ、朝令暮改というにしても無定見すぎる杜撰さだが、この大縮小は、一気に盛り上がりつつあった反対運動のなかに、条件派をつくりだす効用をもたらした。いったん死刑(立ち退き)を宣告された住民が、線引きから外されて生還(村に残れる)できる見通しがつくと、こんどは開発に期待するようになったのである。

縮小案の発表は、反対運動の分岐にむけての時限爆弾でもあった。

障害者でありながら、全村の反対運動の代表者となった吉田又次郎さんは、自信にあふれていた。

——開発反対の理由をもう一度話してください。

「まず、工場が建てられますと、たとえば、平沼はこんどの第二次案で移転しなくてもよくなっていますが、ここにいられなくなるわけです、公害で。公害が恐しいから、この開発

吉田又次郎さん（撮影＝炬口勝弘）

に反対するってことですな」

——絶対反対で、条件はつかないんですね。

「条件はつけない。中止するまで反対するってことです」

——いま同盟員は何人ですか。

「二四〇〇人。教職員組合をいれてね。教職員組合は一〇〇人あっていいますけど、まだ名簿がきてなくて、幹部の四、五人がはいっているだけです」

——どうして教職員組合と一緒になったんですか。

「生徒の教育上、公害がでたりなんかしたり、またいろんなひとがはいってきたら、それにあっちこっち移転しても教育上よくない。反対運動をつくるつもりだが、あんたのほうと合流するわけにいかねえかって申込んできたんです。それからもうひとつは、ビラ書いてあげたり、さまざまなお手伝いをしてあげたい、ということでした」

——共闘団体としては、横につながる関係が運動の原則なんですけどね。

「わたしもそうだと思うんです。だから学校の先生とわれわれの考えるのはちがってるんです。先生がたがいうのはこういうことです。反対同盟の規約の三条だかに、小川原開発計画を粉砕し、住民の幸せをきずく、とここまではいいんです。そのあとに「真の開発をかちとることを目的とする」というところが、わたしは気にくわねえんだ。で、役員会でこれを直そうじゃねえかということでやったんですけど。「粉砕して自然環境を保護することを目的とする」でいいの、そこで切れば」

──第九条に、「会の団結をみだし、権力の介入を導く暴力的、破壊的、過激派集団（全共闘、反戦青年委員会、革マル、中核等の青年学生集団をさす）は会員にしないし、運動の中から排除してゆく」とありますけど、運動のはじめから、ひとを〝過激派〟ときめつけて排除すると、運動がせまくなってしまうんですよね。

「まあ、学生さんたちにも頼むかもしれないし、頼まないかもしれない。ただ、いまの段階では学生と行動をともにするとか学生をいれるとかっていう問題まではまだいってないと思います。そこが、いちばん肝心なところじゃねえかと思うんだな。困ったことっていうのは、教職員組合に社会党とか共産党とか、そういうのがはいってるんだ、党がはいるんだ。ひとつの政治団体だべ、それがはいってくるからいけねえっていうんです。われわれが考えている反対同盟というのは、政治をいれないで農民・漁民の力、これによって開発を阻止していきたいという考えでわたしはやったんです。やってるうちに教職員組合もなんとかしていれてけろと」

──並列関係にして、同盟が主導権をもって、どう反対していくか、をきめていくんですからね。

「これは長くつづくことだと思うんです。ほんとの長期戦でしょう。で、開発促進同盟会もいまこしらえつつあるそンです。尾駮にあるらしいんですが、促進同盟つうのは崩していく同盟なわけだ、土地でもなんでも売らせるような運動する同盟。結局、なにが最後に残るかわかりませんけれども、いま鎌田さんがおっしゃったように、あそこが崩れたと、ここも崩れたと宣伝されても、最後に残るのは、信念の篤いものが残るわけだ」

――村議会はいまどうなってますか。

「村会議員は与党一四人、野党八人になります。与党の中でほんとの与党のちゃきちゃきだバ四人だべ。平沼の議員は三人ありますけれども、これはぜんぶ条件つきの賛成。はっきりした開発反対派は、泊の議員四人、議長の古川伊勢松さんも反対派です」

――これから想像以上のいろんな問題がおこりますよ。

「あるいはわたしのところへも、いやぁ吉田さん、三〇〇万円ぐらいおあげしてもよろしゅうございますから、その上にあんたの息子さんを会社のほうで雇ってあげるようにしますので、すこしぐらい反対したって結局、あんたがたやられるんですから、三〇〇万円でなんとかひとつ、いま急に賛成にかわるっていうのは具合悪いでしょうから、穏便にひとつやってくれませんか、とかあるかもしれませんな」

――そうでしょうね。

「実際にもってきた場合には、わたしいくら眼がみえなくても、心売る人間だと思ってきましたかと、わたしは眼はみえなくても心の中は盲じゃありませんよ、あまり軽はずみな取り扱いしないでくれと、こういうことで、そのカネはよそへもってってください、わたしはいりません、とパンとはねれば、そのひとはそのまま一度は帰っていくでしょう。そんでも、また代りがあの手この手でくると思うんです。そしてわたしののっぴきならないひとを、親しいひとをつけてね。どこへいってもけっして吉田さんが転んだってことは絶対いいませんから、なにも心配いりません、まんずあしたから賛成だということきりかえなくてもいいんだから、ということで、そういうことも予想してますよ。

世間でこう噂してるそンです。いま反対していたって一〇〇万か二〇〇万もつけたら、あの眼のみえないひとだから、こっちへ転ぶんでねえか、と。だけれども鎌田さん、そこが大事ですよ。いままで天下に名を売って、これからわたしゃ一橋大学の生徒に呼ばれて、六ヶ所の実情というものがどうだかってことを話してほしい、なんとかして東京へきてくれないかというて、つかってよこしたんです。それまでやられてでだね、二〇〇万か三〇〇万で頭つかまえられたら、わたしは、もうはあ、人間がぺちゃんこでだめな人間になりますよ。だれも寄りつかなくなるでしょう」

――寺下村長は、もしも自分が転んだら、死んだあと墓に馬糞をあげられる、といっています。いまだけの問題でなく、自分の将来の評価にかかわることですからね。

「たたかれようと踏まれようと、絶対にわたしは落ちるわけにはいかねえんです。そこがほんとの信念です、信念」

太平洋に沿って、北にむかってまっすぐに伸びている県道に、疎らに生えている杉林を通した淡い朝日が射しこんでいた。埃っぽい道を、まだま新しい襷をかけ、頭に手拭いを巻いた女たちが、いくつかの塊りになって、陽気に喋りあいながら歩いていた。その襷が白く光ってまぶしかった。白地の襷と手拭いには、「開発反対、立ち退き反対」と毛筆で書かれた文字が印刷されてある。

鷹架沼と尾駮沼は海にむかって並んで口をひらいているのだが、そのあいだに挟まれた陸地である沖付地区に、第一中学校がある。男や女たちの群れは、この中学校にむかっているのだが、南からばかりでなく、道の北側からもやはりおなじように襷をかけ手拭いを被った男女が、徒歩やクルマに分乗して集まってきた。

一九七一年一〇月二三日。この日、村にはじめて県知事が現れようとしていた。

道ばたの校門をくぐってから、校舎にむかって長い道がつづいている。県の現地説明会は体育館でひらかれる予定なのだが、まわりには大漁旗やプラカードを手にしたねじり鉢巻の男たちが集まっていた。「泊漁場を守る会」のひとたちで、プラカードには、

〈海は我々の命　開発絶対反対〉

〈吾等の六ヶ所を企業に渡すな〉

〈青い空と青い海を放射能で汚すな〉

などと書かれている。

一〇時すぎには、三―四〇〇人になっていた。

おぼつかない足どりで、吉田又次郎さんが脚立の上にあがった。「開発反対」の鉢巻きの下に、トレードマークの黒いサングラスがある。反対同盟会長としての第一声である。

「われわれは開発難民になるわけにはいきません。開発には絶対反対です。きょうの説明会でも、けっしてだまされません」

知事の黒塗りのベンツが校門をくぐってきたころ、通学路の両側には自然に人垣ができていた。「開発ハンターイ」の声が自然に湧き起こった。クルマのそばに駆け寄った「あっぱ」(母さん)たちが両手で窓ガラスを叩き、プラカードを団扇《うちわ》のようにしてトランクをたたいた。知事の表情はみえなかったが、縮小案によって村民の分断を成功させうると踏んできた彼は、予想外の対応におそらく顔色を変えていたはずである。

体育館のなかにはいれたのは、各部落の代表者一三〇人だけだった。残りの四〇〇人ほどがまわりの草むらに坐ったり、窓枠にしがみついてなかを覗いたりしていた。会場に通ずる戸は内側から鎖をまいて閉ざされた。会場の前のほうにだけちょこんとパイプ椅子が並べられ、そのうしろにはひろい空間がひろがっている。

「地元住民との話し合い」のために、体育館が会場にされたのだが、各部落の代表者をいれるだけで傍聴者を締めだしするなら、なにもわざわざこんなバカでかい建物を準備する必要はなかった。県の幹部たちは、鉢巻き姿の村民に取り囲まれてすっかり動揺していた。傍聴拒否は彼らの判断の甘さを示していた。この突然の措置は、ことさら集まってきたひとたちをいらいらさせた。

「報道陣が同村始まって以来の多数に及んだが、なかにはフリーのルポライターも訪れ、入場を拒否する受付と激しいやりとりがあったといわれる」(開発公社「創立十周年記念誌」)

この記述は、わたしと開発室幹部とのやりとりを記事にした『河北新報』の引用である。

午前一一時から、県の開発室長が縮小された開発案を説明した。外ではハンドマイクをに

ぎった泊の種市信雄さんたちが、

「だまされねえぞ」

「開発ハンターイ」

「開発は津軽へもっていけ」

などと叫んでいた。竹内知事が津軽出身だからだが、津軽出身のわたしはそのシュプレヒコールには、身が縮まる想いだった。

午後からは知事と地区代表者の一問一答で、場外のひとたちにもきこえるようにスピーカーが設置された。が、体育館のまわりは、弁当をひろげたり、おしゃべりして笑いあったり、ピクニックのように若やいだ雰囲気となっていた。

会場では、全戸移転の対象となった鷹架地区の代表が質問していた。

「鷹架沼は、六里四方の漁場をもっている。この生産は膨大で、生活の半分は沼からあげている状況である。また二三〇町歩以上の土地を改良して、三俵そこそこしかなかったのを、八―一〇俵の生産をあげている。昨年度から本年度にかけて完成したが、その矢先に、移転しなければならないとは何事であるか。

漁場においては沼がつぶされ、他においても鷹架は約五〇〇町歩の田がぎせいになる。畑もそのとおり三〇〇町歩。六ヶ所に残された自然の部落、鷹架を犠牲にして、どうしてあとのものを残したのか。これでは巨大開発の意をなさない。鹿島は、ああいう地域で公害があ

知事の車を取り囲んだ農民たち（撮影＝炬口勝弘）

る。もっと広めなければ、公害からのがれるわけにはいかないと考える。この点どういうわけで線引きされたか。

新聞紙上では「あまりさわがしいから縮小した」。そうすると、きかないもの(騒ぐもの)は逃《のが》して、だまっているものをやるということは、いくさであれば、逃げだすずるいものはそのまま逃すということだ。

線引きになったわれわれは捕虜になってしまった。これをどのように解決するか。開発室長の話は、イタコの話のようでさっぱり根拠がなく、将来性はないではないか。こんご一〇年のことについて、どういうふうに、われわれ農民のことを取り扱ってくれるのか」

質問したのは、地区の土地改良区の理事長で、開発反対、というよりは自分の住む地域が線引きされて残り、ほかの地域が線引きから外されたことへの不満の表明だった。知事はこう答えた。

「開発の時間について、さきほど説明したが、立退きが非常に多いことにいちばん問題があると理解した。しかし、開発を進めるにあたり土地、とくに鷹架のようなところは、港湾のすぐそばですから、これはどうしても開発のなかで使っていきたいということで、その調整をどこでとるかというのは大変むずかしいことですが、その、みなさんの気持はわかりますが、開発を進めるにあたっては、これだけの部落は残すようにした。あとの方は、どうしてもこのなかにふくまなければ、開発が進まないような状態に考えて、第二次案を作成した。これについても意見はあったが、開発である以上これだけはなんとかひとつ理解していただきたいとお願いしている」

開発反対を表明する住民たちも、吊しあげる、というのではなく、比較的礼儀正しく質問していた。ただ知事が答弁するたびに、外から、

「だまされるな！」

「鉱山師《やまし》もの！」

とハンドマイクで野次がはいった。知事は質問者の五倍も一〇倍もしゃべった。説得しきれる自信があってか、彼はこうも語った。

「われわれはいまのままの姿を子孫に伝えたいのだ、という気持はよくわかります。わたしも貧乏な農家に生れて、しかも一〇〇戸たらずのちいさな部落に生まれて、あるいはみなさんのなかには、私の生い立ちを知っているひともあろうと思います。わたし自身も百姓をした経験があって、じゅうぶん知っています。そんなちいさい村なんだけれども、わたしはいまでもやっぱり自分の生まれた部落がいちばんなつかしい。わたしは死んだら、そこへ埋めてもらいたい、こう考えているくらいでありますから、よくわかります」

大幅な縮小案によって、急に移転を免れたこともあってか、各部落の代表者の質問の矛先は公害問題になりがちで、それを知事は軽くかわした。

「わたしはここにきょう、議論しにきたわけではないので、みなさんの意見をおききしにきたわけで、それ以上いいませんが、現に公害がでているから、でないようにする。そういうものをつくらなければ、日本の工業はだめになるだろう。こういうことで、この開発が考

えられたということをいっているわけで、現に、鹿島が公害がでていることをわたしは否定しているわけではありません」

二時間ほどで説明会は終った。教員用の玄関から出てきた知事は、会場から締めだされていた住民たちから、「開発はやめろ」「はやく帰れ」などの声を浴びせられ、県職員たちにガードされてようやく公用車にたどりついた。

取り囲んだ住民を払いのけるようにしてベンツは動きだした。車体がプラカードで叩かれる音がしていた。門にむかったクルマのあとをついていくと、こぶし二個分ほどの石がわたしの頭をかすめて飛んでいき、リアウィンドウにぶつかるのが眼に映った。「やった！」と心の中で叫んだ。が、鈍い音をたてて石は弾ねかえされ、道ばたにゴロリと転がった。防弾ガラスだったのだ。

ようやく道にでたベンツが、脱兎のごときに砂塵を巻き、フルスピードで遠ざかっていくのがみえた。

県知事は、石をぶつけられて逃げ帰った。

誕生したばかりの「六ヶ所村むつ小川原開発反対同盟」は、幸先のいいスタートを切った。

寺下村長は、会場から出ようとする知事に、「危いですから、裏口からグランドのほうにまわったほうがいいですよ」と忠告したのだが、彼は「なあーに、大丈夫だよ」とタカをくくっていた。もみあいのときに、知事のタマを握った、という女傑もいた。集まったひとたちは知事を笑いのめして気勢をあげた。

おりからの全国的な反公害の住民運動の昂まりのなかで、六ヶ所村の反対同盟は、黒サングラスの吉田又次郎の風貌とともに、しだいに知れわたっていった。

一週間後、こんどは三沢市で「現地説明会」がひらかれた。第一次案での三沢市の開発区域は、五二〇〇ヘクタールとなっていたが、この日の発表では、二二〇〇ヘクタールに縮小されていた。それでも反対意見が強く、知事は、「白紙にもどすことも検討する」と答えざるをえなかった。

「国家的事業」などと喧伝されながらも、開発区域の面積は、まるでバナナの叩き売りのように、いい加減に削られていた。六ヶ所村のひとたちが「イタコの話のようでさっぱり根拠がない」というのはよく当っていた。

県知事が六ヶ所村にやってくるすこし前から、マスコミでの「過激派キャンペーン」がはじまった。そのすこし前、千葉県の三里塚では、「成田空港」建設にともなう強制代執行が実施され、テレビは機動隊と学生たちの炎に包まれた「戦闘」シーンを放映しつづけた。

〈過激派六ヶ所村をねらう〉(『東奥日報』七一年一〇月五日)の記事は、「警視庁から県警警備課にはいった連絡によると」との前書きで、「成田で大量の逮捕者を出した反戦グループが地方闘争へ作戦を変える」との情報を載せ、六ヶ所村での学生の集会やデモが計画されているのにたいして、仙台で東北警備課長会議がひらかれた、とも報じている。

「九月二十九日から三日間、同村尾駮小学校で映画『三里塚闘争』を上映していた。県警にはいった情報によると、初日の観覧者は約四十人だったが、次第に観覧者がふえ、三日間で約二百人に達したという」

県内の学生が三里塚で逮捕されると、実名いりで報じられた。それらの学生たちが六ヶ所にやってくるぞ、と警察は新聞を使って宣伝していた。

「また宮島・北里グループのほかに三沢市内の〝反戦バー〟で反戦活動をしている一派があり、このうち代表格のH(24)は成田闘争に参加、いまだに帰っておらず、警備当局は中央反戦グループと接触しているとみている」

これらの「過激派キャンペーン」は、反対同盟の規約第九条に微妙に結びついた。

村をまわっていると、茶の間のテレビは火炎ビンの炎や学生を載せたまま機動隊に押し倒される反対派のヤグラを映しだしていた。それを眺めながら、村のひとたちは、「ああやらなくちゃ駄目だ」とか「ああはなりたくない」と論じあっていた。

6　飢渇《ケガツ》の記憶

三沢市街地から太平洋に沿って、淋代《さびしろ》、細谷、六川目《むかわめ》、塩釜、砂森と空漠とした旧北浜街道を北上すると、道は左に折れて小川原湖に発した高瀬川に架った橋を渡る。ここから六ヶ所村である。

右側に崖がのしかかるような急坂を登る。戦後まもなく、道路改修工事に出ていた青年学級の生徒が崖崩れに遭って五人死亡、そのこともあって、「人食い街道」ともよばれている。坂の中腹から左側の樹木の繁みのあいだに、豊かに水を湛えた小川原湖が望まれる。

坂の上からはじまる集落が倉内で、江戸時代は鞍打村。古くからの馬産地として知られている。

木村きそさん(一九一六年生まれ)は、坂を登りきってからさらに一〇〇メートルほど北上した、道の左側の奥まった家に住んでいる。竹内知事がテレビに出るたびに、蝿叩きでブラウン管を叩いていたので、孫が真似して困る、と丈夫そうな丸顔の眼を細めた。彼女はこの部落でいちはやく開発反対にたちあがり、いま反対同盟の副会長である。

生家は坂の下にある天ヶ森部落。半農半漁で、イワシの地引網をだしていた、というから比較的裕福なほうだったようだが、子どもが九人、彼女は五女だった。

小学生のとき、結婚した長姉の家へ子守りにいくようになった。学校へ子どもをおぶっていくのだが、地理とか国史とか、彼女が好きな授業になると、きまったように背中の子どもが泣いた。それで教室の外に出なければならなかった。

尋常小学校を卒業しただけで、家の手伝いをした。男たちは舟を漕いで沖にでる。女たちは陸《おか》の上で網をひいた。「ヤンセ、ヤンセ」と掛け声をかけながら、肌着と腰巻きだけの姿で網をひくと、張り裂けるほどにイワシが詰まって揚がってくる。

一〇月もすぎると、口もきけないほどに寒い。部落にあがった女が、蓋《ふた》のついた木桶におかゆをいれて、天秤棒で担いで帰ってくる。手が震えて箸を使えないほどで、頭の先からびしょ濡れになったまま、お椀ですすってまた海岸にもどる。そんな生活だった。

次兄がブラジルに行く、といって騒いだことがあった。ブラジルへ行ってワニの餌になると、一回三〇〇円もらえるときいてきたのだった。餌といっても、ガラス玉の中にはいってワニをおびき寄せる、ワニを生け獲りにするための疑似餌である。が、母親が泣いてひきとめた。凶作がつづいていた。このころ、男はたいがい北海道へ出稼ぎにいった。

きそさんが、和歌山県日高郡御坊《ごぼう》町の日の出紡績の女工として出発したのは、一九三四(昭和九)年四月、という。それまで彼女は、北海道の北端、宗谷岬にちかい利尻島のニシン場で、飯炊きとしてはたらいていた。ふたりの兄と使用人との四人とで出かけていた。利尻島には、青森県出身者が多かった。そのころ、浜通りのほうから、若い娘が売られていった、との話がよくきこえてきた。

『青森県農地改革史』(農地委員会青森県協議会、一九五二年刊)には、次頁のような表が掲載さ

婦女子身売り状況(1931–35 年)

		1931 年	1932 年	1934 年	1935 年
		人	人	人	人
芸妓	県内	130	289	137	50
	県外	216	186	268	214
娼妓	県内	96	292	234	…
	県外	199	217	616	25
酌婦	県内	209	548	512	323
	県外	416	284	512	339
女給	県内	…	666	656	669
	県外	…	253	285	249
女工	県内	91	697	141	…
	県外	201	421	1,286	532
其他	県内	332	762	1,809	519
	県外	227	341	623	349
合計	県内	858	3,254	3,489	1,516
	県外	1,559	1,702	3,594	1,939

『東奥年鑑』1932 年版及び 1934 年 10 月 24 日付『東奥日報』により作成
(1935 年度分は 1–5 月の 5ヵ月間の出稼ぎ数で 1931 年及び 35 年の合計は不詳の分を除いたものである)

れている。

これによると、一九三一年からの三年半で、九〇〇〇名もの身売りがなされていたことになる。同書には、一九三四年一二月二日付の『東京朝日新聞』の記事が再録されている。

「S一家は、家は借金のカタに取られて近所の家に同居していたが、一四の娘を名古屋市賑町の娼妓屋に売った金で此家を買ったのだ。身代金は五ヵ年契約で四五〇円だったが、その内一〇〇円は一本になってから渡すとの事で娘の着物代にといって五〇円、周旋料だといってブローカーに二二円五〇銭、父親と周旋屋とで娘を名古屋に送って行った汽車賃、宿料、自動車代その他雑費だと云って一二七円五〇銭を取られ、結局手に渡ったのは僅か一五〇円だった。その内から七〇円の借金を支払い四〇円で家を買うと残る四〇円も何と云うことなしに消えてしまった。

父親は云った。「吾ぁ娘売る気ぁ夢にもなくてあったども、周旋屋が家のわらし(娘)ど借金の切《せつ》なみに眼つけで売れ売れって四〇日の間も付き纏いした。其《その》うちね飯米ぁなくなるし女房ぁ妊娠脚気ねなるし借金取りにゃ責め立てられるし、おまけね、借金の保証が女房の妹だはで、吾ぁ済《す》さねば保証人の娘ば売らねばまいねく(ダメに)なって、とうとう売る腹ねなりした」と溜息をついた」

きそさんは利尻島から帰ってきたばかりだった。海岸沿いの部落に住む奥寺金五郎というひとが世話人として、紡績女工を募集している、との噂をきいた。兄が脱腸の手術で八戸の病院に入院していて、実家ではその費用を必要としていた。彼女はひとりで奥寺の家を訪ねた。黒い顎鬚を長く伸ばした人物で、彼から三五円を前借りした。ハンコは箪笥の抽出しにはいっているのを持ちだしていってついた。

「三五円のおカネを、父親に渡したノサその晩に。父親は古間木(旧三沢市)から帰ってきて、御飯食べてるとこだった。家の父親泣いたの。いやぁカネも欲しいし、娘を案じてそれまでやれねえっつ気持ちなの。父親ってひとは相撲が強かったけど、気持がやさしいひとで、その父親が泣いたんだよ。いまでもその当時の写真、ビデオでも残しておけば、父親のあの姿みんなに見せたかった。おまえが売られたらどうするかって、声たてで泣いたんだよ。海岸通りのほうで、娘売ったとかなんとかって話あったときだもの、そんで、わだしは、なんで売られることあるが、そういうこと絶対しない！　絶対それだけはがんばるからって、父親に三五円渡したんだども」

三五円は娘たちの借金としては多いほうで、たいがい一五円ていどだった。そのなかからきそさんは父親に五円借りた。柳行李をひとつ買って一円五〇銭、それに衣類を入れ、叔父の馬車で古間木の駅まではこんでもらった。駅に着いて、当座の自分の生活費として一円札を一枚引き抜き、残った二円五〇銭は、叔父に託して実家へもち帰ってもらった。

東京はもちろんはじめてだった。県内から集められたおなじ年頃の女性たちは、上野公園をアメ玉を買って食べながら歩いたりしたが、彼女は一円札をにぎりしめてじっと我慢していた。そのときの想いは、いまでも忘れることはできない。

日の出紡績は御坊駅からかなり離れていた。工場は二階建てで、第一工場に一〇〇〇人ほどがはたらいていた。第二工場は六〇〇人ほどで、二交替制だった。東北出身者は彼女たちが最初だった。九州、四国、沖縄からの女性が多かった。チョゴリを着けた朝鮮人も数多くいたが、部屋はべつで、「新平民」と呼ばれていた被差別部落のひとたちも、べつの部屋にいれられていた。

きそさんはすこしして、運送の職場へ移った。それは彼女の希望だった。男にまじって大八車を曳く仕事だった。利尻島でも米俵を一俵(六〇キロ)担いでいて、腕力には自信があった。それで六五銭の日給が一円二〇銭になった。三五円の前借りをすこしでもはやく返したかった。

松、桜、竹、梅と女子寮が並んでいて、一部屋に一二人の相部屋だった。きそさんは鹿児島県人のなかにはいって暮していた。北海道で飯炊きをしてきた経験があったので、彼女の場合はそうではなかったが、はじめて村をでた娘たちは、言葉が通じないためバカにされていた。

「お盆にさ、盆踊りあったでしょ会社の広場でさ、それこそレコードかけてじゃんじゃん踊るでしょ、鹿児島オハラとかなんとかってね、よおしきたって、いまやろうと思ってね、青森県人が三〇〇人きてたんだもの、あっちからこっちから三〇〇人、津軽からもいったし、八戸とか百石《ももいし》とか三〇〇人いたんだもの、いまでやろうとおもってね、盆踊りしたの！ この〈なにゃとやら〉って盆踊り。

長襦袢きて襷かけて白足袋、尻っぱしょって、そして声たからかに三〇〇人して踊ったの。下田からいったナツさんっていうひと、いい声したひとだったんだよ、そのひとは離婚していって、わたしより四つか五つ上だった。とても声がいいひとで、わたしもこうしてたったってね、盆踊りなんかにでれば声だけはひとに負けね。そのひととわたしとで音頭とりしたの、そうして踊ったら、鹿児島だとかあっちからきて踊ってるひとがたみんなやめて、やめてわたしらの踊りぐるっととりまいて見ていたんですよ、それからバカにされなかった。声たからかに音頭とりしてね、わたしとナツさんと」

「なにゃとやら」は、青森県南部地方の盆踊り歌で、

〽なにゃとやら

なにゃとなされの

なにゃとやら

と繰り返しながら踊りとおす。「なにがなんだかさっぱりわからない」ともいわれていて意味不明。きそさんが、わたしらは大学教授よりも偉い、と冗談っぽくいうのは、難解な歌詞がヘブライ語からきているとの説が、まことしやかに伝えられていることをさしている。この歌の本場である五戸町から、十和田湖にむかってはいると三戸郡新郷村で、そこには「キリストの墓」があって、キリスト終焉の地ともいわれている。

それはともかく、差別されていた青森県の娘たちの声かぎりの「なにゃとやら」は、その意味不明さもあってか、他県からきていた娘たちを圧倒してシュンとさせた。それ以来、みんな自信をもつようになった、という。

翌年四月、きそさんが中心になってストライキを実施した。翌年といえば、きそさんの記憶では、青森を発ったのは一九三四年四月というから、一九三五(昭和一〇)年になってしまうが、ほかのひとたちの記憶では、ストライキは一九三四年の四月のようである。

ともかく四月に、仕事場の責任者が退社した。きそさんは責任者の尾藤さんが「定年停職」になって、夫婦で田舎に帰ることになった、と記憶している。御坊の駅まで送って泣いて別れた。後任の大西さんは、背の低い、目玉のゴワッとした厳しい人物で、彼女たちの反感を買っていた。前任者への乙女らしい感傷が残っていたのかもしれない。

ある日の朝、作業着を着けて食堂へいったものの、ご飯を食べているうちに急に馬鹿らし

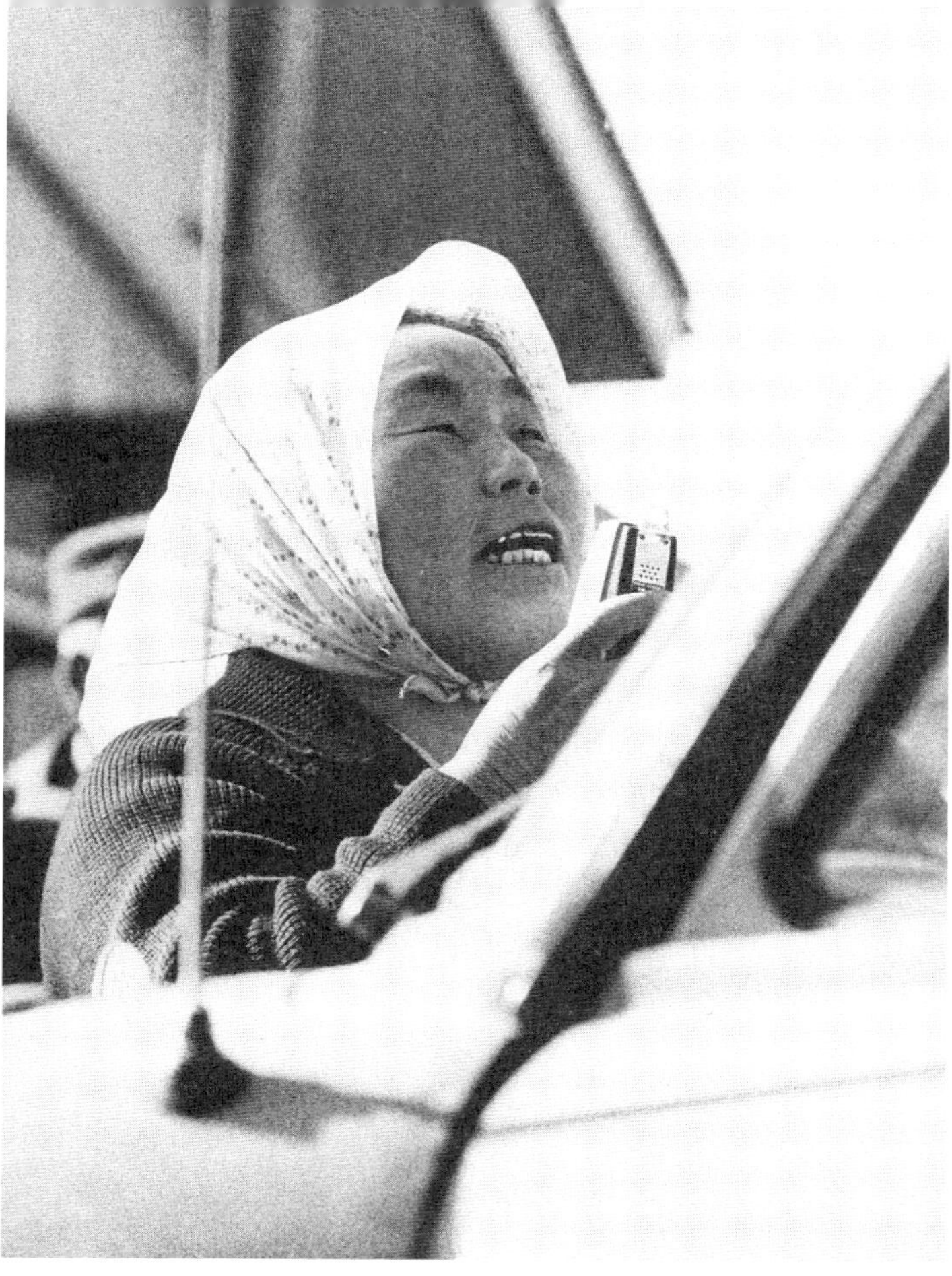

木村きそさん（撮影＝炬口勝弘）

くなった。

「行きたくねえな。行がね、隠れるベシ」

といいあって、自分たちの部屋へもどった。同室のもの同士が八人、押し入れの布団にもぐって、息をひそめていた。食堂でみかけたきり、女子労働者が八人、姿を消してしまったので、工場では大騒ぎになった。門番にきいても、工場から出た形跡はない。部屋のなかにもいない。寮内をバタバタ探しまわる足音がきこえていた。が、そのままみんな寝入ってしまった。

きそさんは、それがストライキだ、という。賃金の不備もあった。

おなじとき、おなじ工場にいた沼辺せきさん(一九一一年生まれ)は、ストライキの原因について、六ヵ月の契約期間がちかづいたのに、会社側は帰りの旅費を支給しそうになく、帰れなくなった。工場側は、まじめ一方ではたらくばかりの世間知らずの娘たちを帰したくなかった。帰郷を認めさせるためのストライキで、二日間ほど仕事にでなかった、という。

せきさんは、六ヶ所村から職業紹介所を通した正規ルートでいったので、前借金はなかった。彼女はそのとき、平沼部落の処女会長をしていた。『東奥日報』で、職業紹介所が紡績女工を募集している記事を読んで、凶作に苦しんでいる農家の生計のたしになると考えた。村の処女会の連合会長に頼んで、職業紹介所の職員を招いて、座談会をひらいた。座談会には四〇人ほど集まった。

そのことがまた新聞記事になって、希望者が集まり、六四人が和歌山県御坊の紡績工場に採用となった。出発したのは一九三三年の一一月、六ヶ所村から野辺地駅まで、三時間ほど歩いていった。処女会長のせきさんは、青森県とこれからいく和歌山県のことをはたらきながら勉強しよう、そのためにはかならずノートをもっていこう、と呼びかけていた。青森駅を発つときには、津軽からきた娘たちもふくめて総勢一六〇人になっていた。

大阪にむかう列車が越後平野を通り抜けるとき、彼女は自分の村の曲りくねった狭い田んぼと見渡す限りひらけている豊かな水田とをくらべながら、これは政治の問題じゃないだろうかと考えていた。

和歌山県について、舗装されていないとはいえ、堂々とつづいている道路と故郷の馬車の轍《わだち》にえぐられた狭いみすぼらしい道路を比較して、どうして青森県だけがこうも見捨てられているのか、政治のちがいを眼の当りみせつけられる想いだ、と彼女は日記に書きつけた。汽車のなかで申し合せをした。絶対に活動写真とか芝居などにはいかない。六ヵ月はたらいて、かならず家におカネをもって帰る。とにかく、真面目にまっ正直にはたらこう。

女学校をでていたこともあってか、はじめ試験室に配属され、そのあと用度課の事務にまわされた。せきさんは誇りをこめた口調でいう。

「買物もしない、そば屋にもはいらない、映画もみない、どこへもいかない。それで五〇円か五五円貯めました。一ヵ月いくらになったかはちょっと忘れました」

処女会リーダーとしてのせきさんは、修道女のような禁欲ぶりのようだった。よくあるような、女工から女郎への転落を防ぐ、彼女にはそんな使命感もあった。

冷害による凶作は、一九三一(昭和六)年から三三年を除いて四年間もつづいた。とりわけ三四年はひどく、六ヶ所村では皆無作となった。三三年の『東奥日報』はつぎのように報じている。

「身売り娘千五百人　昨年前半
本県　凶作の貧しさから
一昨昭和六年の本県凶作による悲惨な影響は欠食児童の続出や、飢えに瀕する部落などとその記憶は県民の脳裡に今なお深く刻まれているところであるが、その間、県民相互の間に知られない生活困窮を糊塗しようとする手段がいろいろ選ばれた中に、飢えに悩む農民、漁夫、あるいは市街地の貧困者がその娘を売ってその場をしのいだことが、統計となって現れている」(五月一四日)

身売りは最悪の年となった一九三四年には、県内外あわせて七〇八三人となった。

「欠食児童三千二百人
県では三月一〇日現在で県下欠食児童数を調査したが、これによると欠食児童数は五三校三二三五人で、一番多いのは三戸郡五戸校の一〇〇人、最も少ないのは西郡出精村林校及び青森市浦町校の各一人、弘前市の各校は一人もなかった」(五月一九日)

「満州派遣軍帰る
――東京電話――約一万人の尊い犠牲と三億余円の巨費を投じ皇国日本の生命線確保のた

めに戦い抜いた、いわゆる満州事変は昭和六年九月一八日、柳条溝における勃発以来満二ヵ年の日子を費やしていよいよ来る一〇月、ひとまず打ち切る事にこのほど陸軍首脳部の間で内定した。一〇月初旬と内定した理由は事変当初約二五万を数えた匪族も現在では三、四万に減じ、最近満州国一帯には治安維持が保たれている点から見てである。

また、在満皇軍は逐次派遣部隊を内地に帰還することになっている」(七月九日)

「満州」派遣の主力部隊のひとつが、弘前に所在していた第八師団の部隊だった。日本が国際連盟を脱退したのは、三三年三月、産業界は軍需景気に沸《わ》き、低賃金を武器にした輸出は、ダンピングとして国際的な非難を浴びていた。

「大物が続々転向

日本共産党の巨頭としてその党活動の実際的指揮、並びに理論的指導をなし有罪の判決を受け目下控訴中の被告、佐野学、鍋山貞親の両人は獄中思想の転換をしたと伝えられていたところ、九日、声明書を発表し、従来の党の活動及び現在の極左運動に対する清算並びに批判をなし、極左陣営に対し非常なセンセーションを起こすに至った」(三三年六月一一日)

「──東京電話──共産党の中央役員として一万余円の私財を提供して治安維持法違反に問われた元京大教授河上肇博士は現在市ヶ谷刑務所に起訴収容され、連日予審判事の取り調べを受けつつあったが、今回感ずる所あり今後共産党の実際運動には絶縁する旨を決意し六日その声明を獄中から発表した」(七月七日)

冷害に対処するため、稲の耐寒、耐冷品種の開発を目的とした藤坂試験場が、県内の凶作地帯に設置されたのは、三六年になってからだった。

沼辺せきさんは、自分が提唱した通り、こまやかな日記をつけていた。その後、満州に渡り、敗戦時の逃亡の際に、この貴重な日記を紛失してしまう。それでも、反対同盟が結成されるすこし前、彼女は手記(草稿)を書いている。

ここでは、当時のストライキについて、つぎのように書かれている。

「そしてよう〳〵季節労働者としての期限四月になって、帰郷の時期となり、丸場という現場(最終仕上げ工程)を中心にストライキが発生したわけです。現場主任の交代にからむ待遇改善問題と帰郷の旅費は会社負担という問題で、とう〳〵寮から仕事着を着て出ながら一室に閉じこもり、七時から四時半まで操業停止した旗頭が木村キソさんだったのです。

それに現平沼婦人会長関口かよさんが同調し、食べては会社に交渉、工場を休んでは交渉が繰かえされ、工場長と寮長、世話係りの先生方の説得にも要求を引っ込めず、とう〳〵青森職業紹介所から係官もお出でになり、最后の団交にあたったわけです。

交渉のまとまる二日前に、一区出身の国会議員米内山(義一郎)先生が上北町出身の慰問をかねてお出でになり、いろ〳〵お話しを伺い、気もちも随分やわらいだ様になったと思います。それからが私の活躍で工場へ残るもの農繁期のためぜひ帰郷する者に大別し、半々位にまとめました。私どもの交渉は心よく入れられ、ストは終ったのでした。

私は残留組とともに会社に残り、現平沼婦人会長の引きいる帰郷組はみなにおくられ、六ケ月の賃金をふところに帰り、家人を喜ばせたと思います。私もその時、母に五〇円ほど預けたように記憶しております。木村キソさんは、操業停止させた翌日、工場へ出たら、男工さんたちに肩をたたかれ、「よくやったなあ」といわれ、赤面したと話しております」

このとき、たまたま日の出紡績を訪問したのが、小川原湖の対岸、浦野館村(現上北町)に住んでいた米内山義一郎だった。彼は青年団長として、「凶作地婦女子身売り防止運動」をはじめていた。彼は浅沼稲次郎の社会大衆党にはいっていた。

「おかしいんだもんね、雰囲気が。なぁんだと思って会社側にきいたよ。若い人柄のよさそうな青年団長だとぼくを思っているから、実は青森からきたのがストやってるというわけですよ、と。おれもこれにはびっくりした。

ストはなんだかっていえば、春先になってもう帰る時期なんだ、いくときにこれだけの借金はなんぼ、帰る時の帰郷旅費は会社の負担というのをちゃんと契約してるわけさ。それでもめてたんだ、帰郷旅費で、会社が払わないわけだ。いまのうちは借金なんかないし、バリしてストやってる。六ヶ所の木村きそだの沼辺せきだの、がさ。たまたまぼくがそこへいってね、むこうでもだんな(地主)のあんちゃがきた、といってびっくりしたっけな。なにしろ、はじめての労働争議だ。

そして気勢あげている。労働歌知らないもんで、村の盆踊りの歌を一生懸命歌っていた。八〇人もいたんでねえがな。

紡績会社の寄宿舎ってのは、女護島だべ、ぼくは父兄扱いで、家族用の座敷に二日とか三日とか泊って、ぼくがなかにいて力にはなったとは思う。あのとき、青森県労務部の職業紹介事務局とかけあったと思うな。だから案外楽にきまって、会社側も折れだのさ」

村の青年団長だった米内山さんは、県の社会課に協力して「身売り防止」に駆けまわっていた。そのころ、財閥批判の世論に押されたためか、三井財閥の「報恩会」などから、県は一一万円ほどの寄付を受け、それを基金にして、売られた娘を買いもどし、「就職資金」を貸し与え、よりましな紡績工場に斡旋する事業をはじめていた。

まだ二四歳だった米内山さんは、おなじ年頃の村の娘たち、一五人ほどを神戸の鐘ヶ淵紡績(カネボウ)に売りこみにいった。「買い集めて売りに歩く」と彼は皮肉っぽくいうのだが、当時の鐘紡は日本一の紡績工場で、福利厚生施設にすぐれていた。

が、面接で合格したのは、ふたりだけだった。彼の手もちの労働者たちは、眼にはトラホーム、頭には瘡蓋《かさぶた》、虱《しらみ》の惨憺たる状態で、集団生活にはむかないとして排除された。

ふたりだけ置くわけにもいかない。米内山さんは兵庫県労務部の紹介をえて、道成寺で知られている御坊にむかった。ここで凶作地の娘たちを引受けるときいたからだが、ぶじ全員採用されたものの、工場内の雰囲気がおかしい。それが六ヶ所村の女たちのストライキ、というよりはサボタージュとの出逢いだった。

木村きそさんは、そのあとも工場ではたらいていた。三年半のあいだせっせと仕送りしていた、という。そのあと大阪へ出た。いゝ、いとこがいたからだったが、おなじ部屋にいた鹿児島出身の女性もついてきた。大きな燃料問屋のご飯炊きや女中奉公、三年ほど大阪にいて故郷に帰り、倉内の農家の次男と結婚した。

紡績工場時代について、彼女はこうもいう。

「病気になって帰ったひともいるし、死んだひとも、五、六人あったんですよ。鹿児島のほうからきたひともあったし。ここから行った、ウメノってひとも死んだの、腸チフス。もう熱で舌がまるまってしまって、で、水飲みたくても誰もいかない。ひとり隔離されてんだもの。お湯わかして冷《さ》まして、隠れてもっていって飲ませたの、わたし。

ちょっとあのひとは、頭の弱いひとだった。避病院にはいって死んで、こんだ火葬しなきゃなんないでしょう。身体の丈夫なひとたちに火葬場へいってもらいたい、といわれてわたしとせきさんがいったんです。火葬場についたら、ウメノさんが荷車に積まれて、ガタガタひっぱられてきたんだよ。火葬して、骨ひろって会社にもどってきたんですよ。そういう、ひとが困ったとき、率先してやるバカで、生まれつきの性分だから。

村からやってきたウメノさんのお父さんが、村出身の娘たちを集めて、バカな娘で迷惑かけました、と頭を下げて、遺骨を抱いて帰っていったっけ」

沼辺せきさんは、一〇ヵ月間はたらいて村に帰った。辞めるつもりはなかったのだが、「ハハキトクモリオカヘニュウインシタスグコイ」のウナ電(至急電報)を受けて帰ったのだった。一九三四年九月、大凶作で田んぼの稲はまだ青々としていた。

一九三六年冬、小柄なせきさんはひとりで、下関から関釜連絡船に乗船した。釜山から一路北上して「満州」の首都、新京(長春)にむかった。駅にはひとりの男が待っていた。それが親が決めた結婚相手だった。見合いですらない、写真での結婚だった。新京駅に勤めていた夫は、四一年九月、横須賀入隊を命じられた。それで、二歳の長女の手をひいて親子三人、内地へ帰った。夫は四四年四月、伊号四二潜水艦に乗り組み、南洋の沖で戦死した。長男が生まれてから七八日目だった。

敗戦の年の一二月、こんどは肺炎にかかった長女が、あっという間に死亡した。粉雪の吹きこむあばら屋で、暖をとる木炭もなく、病魔を食い止める薬さえなかった。

女手ひとつでひとり息子を育て、ひと息つけるようになったころ、奈良に旅行したことがある。団体旅行だったが、彼女は朝はやくひとりで大仏殿を訪れた。境内に品の良い老人がいたので、彼女は「おはようございます」と声をかけた。

「おはやいですね、どちらからこられましたか」

「はい、蝦夷《えみし》の国から参りました」

彼女はいたずらっぽく答えた。老人は真顔で答えた。

「はあ、蝦夷の国があったからこそ、この大仏様はようよう材料が間にあってできたんです」そして、一息おいてつけ加えた。「むこうから材料をはこんできたひとたちは、ほとんど帰れなくて、被差別部落民となって暮しているんですよ」

せきさんは、紡績工場ではたらいていた若いころのことを思いだした。このひとのいうのはほんとのことかもしれない。いまでも、奈良とか御坊のひとたちは、東北人を別扱いに考えているんだ。一〇〇人きたにしても五〇人も故郷に帰れないで、この辺で暮しているんだ、と。

むつ小川原巨大開発がやってきたとき、「蝦夷征伐」と批判した米内山さんは、反対同盟の会長となった吉田又次郎さんと幼馴染みであり、吉田さんと寺下村長とは一九五四年の救援米運動の同志であり、社会党の県議だった米内山さんは、その運動の支援者だった。

そして木村きそさんと沼辺せきさんは、御坊の工場でストライキを決行した同志であり、米内山さんはその協力者だった。いまこのひとたちが中心になって、開発反対運動がひろがっている。


太平洋に面した、街道というにはあまりにも頼りない道を、下北半島をまわってきた幕府の巡見使たちが南下していった。それでなくても財政の乏しい沿岸の村々にとって、人足はもちろんのこと、絵師や祐筆、医師や馬医までもふくむ、百数十名もの行列を迎える負担は過重ともいえた。一六六七(寛文七)年、巡見使を迎えるにあたって、「平沼、泊村両所に茄《な》子《す》、林檎無之付き《りんごこれなきにつ》」野辺地へ飛脚をやって調達した、との記録もある。

『東遊雑記』の著書がある古川古松軒が、巡見使に随行してこのあたりを通過したのは、一七八八(天明八)年八月下旬で、さしもの猛威を振るった天明の飢饉も、ようやく衰えたころであった。それでも、彼の記述にその惨禍がなんら反映されていないのは、通過するだけの気楽な旅行者の限界だったのであろうか。

「この辺など人物を見るに、多く賤しき婦人、櫛・かんざしなどをさすということもなく、おどろの髪を乱し、人とはさらに見えざれども、心はさこそ見苦しくはあるまじく、言語は男女ともチンプンカンプンにて、十にしてその二つ三つならでは解せず」

まるで人間にはみえないと見下しているのだが、それでも人情はさほど悪くない、とあるのがせめてもの救いというべきか。言葉は盛岡城下から随いてきた通辞でさえ理解できず、一同大笑いし、よい土産咄しができた、とも書かれている。

古松軒は道中、とりわけ泊の難所には辟易《へきえき》していた様子で、あたかも呪うがごとき筆致で、「この辺へは用事さらになき所にて、二、三里の外より来る所にもあらずして、何のゆえにて御巡見使は古よりもこの所の御通りはあることにやと、みなみなつぶやきしことにて、人足に出でし二、三里外の者も、聞き及びしよりも難所なりとて、十方《とほう》に暮れし体《てい》なり」

とも書きつけている。

それより五年のちに、やはりおなじコースを辿った菅江真澄が、村びとたちが語る昔話などを周到に書きつけているのをみれば、古松軒の視線のたかさはあまりにもきわだっている。それは幕府の調査に随行したものと、一宿一飯の恩を受けながら、ひとびとにささえられていた物書きの姿勢のちがい、ともいえる。

はたして古松軒は、天明の大凶作の惨状を一度もきくこともないまま、この「飢饉街道」を通り抜けてしまったのであろうか。

「抑《そもそも》此度の大凶年に相成世の中の人々の有様を見るに、更に人間界にあらず。皆餓鬼道と相成る事こそ不思議也。親として其の子の肉を喰い、子として親を喰い、或は其肉を不喰《くわず》物も、其心皆餓鬼也。又人の物を奪はん為に科《とが》なき人を殺害する事其数を知らず」(「天明卯辰《うたて》簗《やな》」『新編青森県叢書』(三)所収)

青森県のなかでも、太平洋に面した下北、上北地方は、西側の津軽にたいして「南部」と呼ばれている。北奥羽の太平洋岸は、南下する親潮の影響と稲の成長期になると海から吹きつける偏東風《やませ》によって、その歴史は「この年冷気にして穀稔《みの》らず、餓死者多し」の記述の連続でもあった。

一七八三(天明三)年の大凶作は皆無作としてとくに名高く、南部本藩(盛岡)では人口三〇万のうち約四分の一が餓死、この一帯では人口の三分の二以上が餓死、全滅部落も出現したと伝えられ、津軽藩でも八万七〇〇人、人口の三分の一が死亡している。

「城下在方を問わず子供を悉《ことごと》く河に海に投げ込むもの数知れず、山又は河に入りて自殺するもの、山に入りて首をくくるもの数知れず、非人は死に掛りたる人の肉を喰い、墓を掘り、蛇を喰い、土を食い、惨状地獄をまのあたり見るが如し」(盛岡農民文化研究所『南部、津軽両藩に於ける凶作とその対策』)だった。餓死、逃散者の続出ばかりでなく、百姓一揆もまた各所で頻発した。

この飢渇《ケガツ》の時、犬落瀬《いぬおどせ》村米騒動の首領者苫辺地《とまべち》甚九郎は、つぎのような激烈なアジテーションをおこなったと伝えられている。

「在々所々分限の者共ふみつぶし金銭財兵糧をうばい取り、手向うもの共あるは打ころし、あるいは火を付けて人の気を驚し死物狂いに働くべし、首尾好くし終せなば、一生の晴に思い思いに飽くまで楽しむべし」(『旧南部藩に於ける天明の飢饉』)

元禄、宝暦、天明、天保が四大凶作期といわれているが、平均五年に一回の凶作、飢饉が東北の農民の生活を疲弊させた。ふだんから、生産物のほとんどを藩主に収奪されていた農民には、凶作にたいする蓄積ができなかった。それがいまでは信じがたいほどの餓死者を多発させた。「分限の者ども」が狙われて蓋《けだ》し当然だった。

一九三〇年代前半の凶作つづきは、三六年の二・二六事件の背景となっているが、三四(昭和九)年、青森、岩手の凶作地帯を歩いた山川均は、食堂車の窓から投げ与えられるパンを争うようにして拾う子どもたちを目撃している。そして彼は、〝凶作地の惨状〟とは異常な光景ではなく、平素の正常な状態、農村の永久飢餓なのだ、と喝破している。

「冷害といふ自然的災禍の一色に塗りつぶされているところのものが、大部分は社会的現象ではないか」(「東北飢餓農村を見る」『改造』一九三四年一二月号)

凶作の原因はたしかに自然現象にあったかもしれない。が、それを促成したのは所有と非所有の生産関係だった。飢饉は零細な自作農を小作化し、小作農は地主への従属をさらに強めることに作用した。

一九四六年、耐冷性、耐病性に優れている「藤坂五号」が開発され、それとトンネル式畑苗代による新しい育苗法、深層追肥などが併用されて、長い凶作時代は終りを告げた。が、いまでは冷害の自然的原因よりは、むしろ、減反政策による米作への意欲の減退、という社

（撮影＝炬口勝弘）

会的原因のほうがはるかに影響が大きい。

「藤坂五号」を生みだした青森県農業試験場藤坂支場は、三四年の凶作を契機に設置されたのだが、その場所は天明の飢饉時に肝煎《きもいり》一家以外は全滅した部落に建っている。ここの若い技師は「この二、三年はやる気をだせません。反収を上げては悪い時代になったのですから」と苦笑した。工業開発の地ならしは、自然現象の凶作によってではなく、政治現象の減反によって急激に進められていたのである。


米内山義一郎さんにはじめてお会いしたのは七一年の夏、三沢市内の喫茶店でだった。彼は半年前の知事選に革新系無所属として立候補、二二万四〇〇〇票を獲得していた。三選をはたした竹内知事が三七万票だったから、大差といえたが、開発地域としての上北郡では、米内山候補が七三〇〇票も勝ち越している。

といっても、知事に投票したのが開発賛成派、米内山票が反対派、というわけでもないようである。米内山さんは小川原湖に面した上北町に住んでいて、ここを地盤に社会党県議を二期、衆議院議員を一〇年務めていて、地元では信望があった。

竹内俊吉、淡谷悠蔵、大沢久明と青森県を代表する政治家は、それぞれ津軽出身であり、奇妙なことに、それぞれ自民、社会、共産党の党派を越えたケヤグ(友人)であるのだが、米内山さんだけが南部出身で、孤高をたもっている。

奥羽山脈の北端にあって、中央部に聳立《しょうりつ》する八甲田山を分水嶺にして、青森県は太平洋側の南部藩と日本海側の津軽藩に分かれ、長い間、対立と抗争をくり返してきた。甲斐武田氏の一族と伝えられる南部氏は、頼朝の奥州征伐に従って北上し、盛岡から津軽地方にかけて支配するようになった。

一方、南部氏の一支族だったらしい為信は、南部氏に反旗を翻していまの津軽地方を統一、一五八九年に「津軽」氏を名乗った。それ以来の領主による領土争いのなごりが、いまなお民衆の意識の底に澱んでいるのは、奇妙といえる。

のちに、東北の諸藩は官軍に抵抗して「奥羽越列藩同盟」を結成、さらに越後の六藩もくわわって三三藩となったが、そこからいちはやく脱落して勤王に与《くみ》したのが津軽藩だった。見通しがいいといえばそれまでだが、どこか小才がきいて権力に迎合的なきらいがないではない。

それにくらべてみれば、南部盛岡藩は同盟軍最後の砦となっていた。津軽と南部との対立は、一八六八(明治元)年九月の野辺地戦争でピークを迎えるのだが、県内での対立感情はいまでは冗談めかして語られていどとはいえ、まだどこかで蟠《わだか》まっている。

最後まで官軍に抵抗していた会津藩は、鶴ヶ城落城のあと、三〇万石から三万石に減じられて、南部藩領の下北半島などの火山灰地に移封された。三万石といわれてきたのだが、実収は七〇〇〇石にすぎなかった、ともいわれている。佐幕の南部藩を割譲し、そこへ会津藩を追放した明治政府の苛政だった。

会津藩士の子弟だった柴五郎(陸軍大将)は、「伏するに褥《しとね》なく、耕やすに鍬なく、まこと乞食にも劣る有様にて、草の根を噛み、氷点下二十度の寒風に蓆《むしろ》を張りて生きながらえし辛酸の年月」(『ある明治人の記録』)とその悲惨と無念を書きつけている。

青森県政は、津軽と南部、それに会津藩士の「斗南藩」(北斗以南皆帝州)出身者によって執行されている。のちに竹内知事が六ヶ所村の中学校に乗りこみ、石を投じられて退散した日、群衆のあいだから、「開発は津軽へもっていけ」との声があがったのには、開発反対の意志とともに、県庁の所在地として、県政を握りつづけてきた津軽への反感もふくまれていたようなのだ。

米内山さんは南部を地盤にしている野党の政治家である。七一年夏、浪人中だったこともあってか、彼は開発にまっこうから反対する、というよりは、竹内知事の大風呂敷なんかできるわけねえ、といったような冷やかさを示していた。それは直接的なものいいをするよりも、どちらかというと皮肉っぽいいいまわしと警句を得意とする彼独特の話法によるものだったのかもしれない。

そのころ、県の社会党はまだ「開発反対」をうちだしていなかった。革新政党もまた「開発」に期待感がないではなく、そのうえ、開発に反対して「なんでも反対党」とされることを極度に恐れているようであった。だから、スローガンもまた、「住民のための開発」や「住民不参加の開発反対」がせいぜいのところだった。

ただ米内山さんの場合、開発計画には疑念があった。彼は東北本線沿いの上北町に住んで、すぐ眼の前にひろがる小川原湖の漁業組合長を長いあいだ務めていた。だからこの湖のことは熟知していた。計画書をみると、小川原湖の「水面海抜高度」が一・五メートル、淡水とされていた。ところが、実際は海面とおなじゼロメートルである小川原湖は、汽水湖としてよく知られている。データを改竄《かいざん》してまで、巨大開発の工業用水として、この小川原湖の貯水があてにされていた。

海水が遡《そ》上する汽水湖として、多量の水が貯蔵されているとはいえ、淡水化のために海水の流入を遮断して水ガメ化にした場合、こんどは周辺の河川からの流入量はすくなく水不足になりかねない。それを知ってのことか、県の計画書では水位を上げて報告されていた。巨大開発の基盤が、操作された架空の水位のうえに立脚していたのだった。

米内山家は、祖父の代まで六ヶ所村の平沼地区に二ヶ統の鰯網をもっていた。太平洋の激浪が洗う砂丘地で地曳網を曳く網元だった。その一方、七戸町に一〇町歩、平沼地区にも百数十町歩におよぶ土地の権利をもつ、大地主でもあった。さいきんまで、平沼には「米内山谷地《やち》」の地名が遺されている。

水産講習所に通っていた父親の健助は、漁業に見切りをつけて日本歯科医専にむかい、卒業したあと教壇にたっていた。やがて学長の命を受けてアメリカに渡り、フィラデルフィアの大学に留学していたが、彼が六歳のときに二八歳で客死した。

米内山さんは、一九二三(大正一二)年、青森中学(現青森高校)に入学した。この年の九月、関東大震災が発生、朝鮮人の大虐殺や大杉栄の惨殺などのニュースが上京していた双児の兄弟から報らされた。彼はクラスで虐殺を批判する演説をおこない、「不逞鮮人」の仇名をつけられている。地主の息子だったこともあって、ロシアのトルストイやツルゲーネフの小説を耽読していた多感な少年だった。津軽の地主の息子である太宰治は同級生だった。

「太宰はあの時代の産物ですよ。三年か四年で中退して、肺結核などで死んだ太宰なみの才能の少年は、四人も五人もいたのさ」

という彼も三年で中退した。肺結核もあったが、人生上の煩悶というものもあった。このころ、黒石市出身のアナーキスト、劇作家である秋田雨雀の講演をきいている。

八戸で岩淵謙一が無産者診療所をつくっていた。岩淵は弟の謙二郎とともに、日本海側にある車力《しゃりき》村で、県内最初の農民組合や消費者組合を創立、家財を売り払って農民のために運動し、村医の資格を剝奪されて村から追放された。

まもなく八戸に移ってきた岩淵の門をたたいた米内山は、「家族待遇」だった、という。彼は「赤い医者」として、無料の患者にも高価な薬を投与する岩淵から多大な影響を受けた。八戸は「直耕」を唱え、幕末において、農民の反権力の思想をつくりだそうとした安藤昌益が開業、ひそかに地球サークルをつくっていた地でもある。

一八八九(明治二二)年、東北本線が開通すると、肥料用の鰯粕をはこんでいた米内山さんの祖父は、七戸町から上北町(旧浦野館村)へ移って「米内山旅館」を開業した。小川原湖周辺は、シギ猟の本場で、横浜あたりから外国の大使や公使がシギ撃ちにやってきた。

それと木材関係の商人、馬市目当ての博労なども宿泊してはここから青森へむかった。構えの立派な旅館だった、という。肺結核を治したあと、彼は旅館でブラブラしていたが、やがて左翼の仲間たちが集まるようになった。非合法の出版物は、旅館の台所に何十個となく並んでいるお櫃《ひつ》の奥に隠された。

東北地方が凶作に襲われた一九三一年、二一歳だった米内山さんは、平沼地区に祖父がもっていた百数十町歩の権利を放棄した。トルストイの夢や有島武郎の実践に倣《なら》ってのことだったかもしれない。

「昭和六年春　工藤栄一　南安太郎両名御料地借地権利者米内山義一郎より権利譲渡を受け……」(「工藤農場経過略誌」)

水田一三三町歩、畑三〇町歩の開墾を完成させたのは、青森県の農耕技師だった工藤栄一であり、彼の「留魂碑」は新納屋部落に建てられ、開拓者の工藤と南の兄弟は部落の恩人として「南工稲荷神社」に祀られている。御料林の借地人であり払下げ権利者だった米内山さんは、その権利を無償で譲渡してその基盤をつくったのである。

ちなみにいえば、米内山家とは関係のないことだが、工藤農場の開墾には北海道のタコ部屋から、朝鮮人七五名が連れてこられた。農場の支配人だった南の義弟沼田正は、五九年から二期村長を務めた。

そのころ、すでに米内山は社会民衆党にはいっていた。村の青年たちの文化運動の資金稼ぎのために、スズランを掘って浅草に売りにいったときに、たまたま「社会民衆党」本部の看板をみつけて、安部磯雄や片山潜などと知り合うことになった。

農地を解放したあと、彼は旅館を売り払って産業組合(農協)を結成した。小作料減免の運動だけでは農民は解放されない。肥料や農産物などの流通と金融までのすべてを農民自身が握らなければならない、と考えるに至ったからだった。全財産を処分して資金をつくり、残りのカネで養鶏場をはじめた。貧農の娘たちの身売り防止のため、和歌山県御坊に出かけ、木村きそさんたちと出会ったのは、そのすこしまえだった。

一九三七年、村の産業組合の組合長だった米内山さんは逮捕された。小麦を売った資金を五日間ほど仮払いにして友人に貸したのが、「背任横領罪」に問われたのだった。組合の資金はほとんど米内山さんの出資金だった。「横領」は弾圧するためのデッチ上げだった。それでも利子を取らないでカネを貸したのが背任罪とされ、懲役三ヵ月、執行猶予二年の判決が下された。県は組合長の解職命令をだし、公民権停止となった。

破廉恥罪あつかいで、新聞で報道された。彼はそれに屈せず、刑事犯として実刑を選んで服役した。釈放されて帰ると、村のひとたちはまた理事に再選した。彼は県庁に乗りこんで、農政課長の前でタンカを切った。

「おまえら、竹に銀紙を張ったような刀で、オレの首を切れるもんか」

県の連合会は、米内山をやめさせないと組合に融資しない、と脅した。

産業組合運動からも締めだされて、米内山さんは行き詰まっていた。彼はやはり左翼の組合長だった南郡常磐《ときわ》村の浅利崇と一緒に、農林官僚の石黒忠篤(のちの農林大臣)を東京の自宅に訪問した。浅利もまた自分のカネを組合に融通して利子を受け取らなかった科《とが》で「定款違反」の罪名を着せられ起訴された人物だった。

明治天皇の侍従の子息でもあった石黒は、「満蒙開拓」の推進者だった。「キミらはもう青森県には収まらない。満州へいったらどうだ」。石黒は紹介状を書いて、旅費も手配してくれた。

「最初にいったのは、ノモンハン事件(一九三九年)の直後だな。恐ろしく関東軍がいばってたよ、飲み屋でね。怖くて、やけのやんぱちで酒くらってるからね、負けたもんだから。それで、こりゃこのままにしとくわけにはいかん、と思ったんだ。誰れでも連れていくでしょ、青少年義勇軍で。これはもう軍隊の予備隊みたいなもんで、そういう教育してるもんだから、日満両軍合作みたいで、トラックでいって、交差点で交通整理やってるのは〝満人〟の警察官だ。それの体に触るとこまで車ぶつけるんだから。それから村落のほうへはいっていくと、義勇軍の駐屯地みたいなのあるわけだよ、訓練所と称する。そうすと、農家あるわね、ここに少女いるんだよ、道路こういくでしょ、そうすとその少女が、窓あるベシちいさな、われわれをみるとね、猫が駆け込むように、入り口からでなく窓からとびこむんだよ、ね。おっかながるんですよ。これは大変だと思ったね。

もっとみたいと思って黒竜江の奥地のほうへいったよ。そうしたら、入植してから丸二年から三年目のね、義勇軍の墓地。新しい木の墓標が一〇〇本も一五〇本もたってるんだよ、栄養失調で死んだんでしょう。日本からつぎつぎと人間を送る、それで稲もジャガイモもつくるが、それ以上に軍隊も送ってるでしょう。そこの集団では伸び盛りの青少年がいるから、結核もおきるべし、栄養失調も。薄気味悪くなってね、よしと、それで機械化農業というもの考えてね、そうしてやっていたのさ」

「満州」黒河省での青森開拓団建設の準備はすすんでいた。当時の新聞には、「逞しき転向赤の闘士北満に入植」と、米内山さんについての大きな記事が掲載されていた。

三一年一月、彼は大沢久明、大塚英五郎などと陸奥湾に面した浅虫温泉に泊り込んでいた。前年には日本労働総同盟は解散させられ、政党も解党、大政翼賛会に一本化されていた。旧同志たちが米内山の「北満」への出発準備を慰労するために集まっていたのだった。

早朝、前夜からの雪をついて、宿泊先の椿旅館に警官隊が来襲、米内山さんは検束された。彼は「豆腐汁を飲んでいただけ」という。県内の警察署をタライ回しにされながらも、なんの容疑かわからなかった。やがてあきらかにされたのが、「浅虫テーゼ」だった。

特高からきかされた内容によると、「国策としての満州移民開拓に合法活動の場をもとめ、黒竜江に農村社会主義社会を建設する」というような容疑だった。「満州開拓地赤化陰謀事件」というもので、温泉での共同謀議としては、細川嘉六の五色温泉での会議(横浜事件)のデッチ上げに似てないこともなかった。

この事件に連座したのは、浅利崇、増田千代吉、島口重次郎、大沢久明、松岡辰雄、大塚英五郎、柴田久次郎など、戦後に社会党、共産党の幹部になる人物たちで、総勢四、五〇人。第二次大戦突入前夜のとどめの大弾圧だった。米内山さんは、「浅虫テーゼ」を作成した「首魁《しゅかい》」扱いだった。

「そのとき僕に手をかけた警察官が、特高警察官が生きてるわけさ、八〇ちかくなっていいジイ様になって、町会長やってるわけだよ。その隣りに社会党の後輩が県会議員の候補者として出るようになったわけさ、それで町内の長老のジイ様、後援会長になるわけだ。そこではじめてジイさまになった特高警察官が、その県会議員に、自分たちが拷問くわえたことを述懐したんだ」

青森市内の警察をタライ回しされたあと、水上警察署に拘留されていた。

「拷問されてなぐられるなんつうのは痛えもんだがね、二発目や三発目はなんも痛えもんじゃないですよ、ばんとたたかれて痛い！　と思うのがね、二発目はなんも痛くねえですよ。それから床の上に膝おらせて、膝のあいだに木刀やって、それでもだめだと柔道の投げやるもんですよ。あまり人投げやると死ぬからね、まず、中学校の初歩で受け身の仕方を習うでしょ、あのていどの足払いとかせいぜい腰投げね、背負い投げなんてやらない。それでも脳の振動がつぎつぎと継続するから、脳震盪になる。そのときに、「おい、奴はしゃべってるぞ」と脅すんだな」

「おれの場合、心持ちいちばんぐさっと刺さって残ってるのは、あっちのほうの首魁だな、いちばんの幹部の特高警察がね、部下を一〇人ぐらい取りまかせていて、自分が木剣もって股ひらいてこう構えてさ、そのときなにっていうかっていうと「天皇陛下の御為だかかれ！」っていう。何十年たっても、これは忘れられるもんじゃねえ。暴れもしねえ、強盗でもない、現行犯でもねえものを自白させるために、木刀で、やっぱり上官そばでみてるからね、柔らかくねんだよ。とにかく何時間やったかわからんがね。朝おきて眼覚めたら、ポケットに書類いれたような感じで、さあっとみたらこう真黒で、脱糞してたのさ。自分のはみる気にはなかったね。それで脱糞をとって、寝直した」

味噌汁以外、湯水を与えられない。脱水症状から血便になった。殺される。怖いというより、死にたくないとの気持が強かった。生き返らなくちゃ、と同時に遺言を書こう、との想いが強まった。

警察医がくれた薬の包紙を取っておいた。警部補が口述して手記を書かせるために鉛筆を渡す。その芯を折って監房にもち帰った。米粒のような字で短歌を書いて、そばがらの枕の中にこよりにして忍ばせておいた。おれが死んだあと、誰も枕の中身に気がつかないで焼いてしまうかもしれない。その不安に嘖《さいな》まれた。が、それはぶじに残された。

「このなかにぼくの名句がひとつあんだよ。いまの女房のまえに最初の女房あって、子どもがあってね。そして女房が子ども死なせて、女房も死んで、百ヵ日目にこの逮捕なんだよ。だから、女房と子どもあれば耐えられなかったと思うんだ。

妻子なく　牢に座す身の　楽さかな

自然にそういう気になったね。そうでねえと乗り越えられねえんだよ。日本にはまだこれからもこういう可能性あるんだ、こういう思想弾圧なんてのはね」

逮捕は四一年一月だった。それから一年三ヵ月拘禁されていた。「獄中で二冬越した」というのは、寒さの記憶のことであろう。釈放されたのは、シンガポール陥落（四二年二月）の日だった。それからあと米内山さんは、自宅の裏山にひたすら巨大な防空壕を掘りつづけていた。


四五年一〇月一五日。敗戦の二ヵ月後、彼は浦野館村の村長に就任した。五一年、社会党員として県議に立候補、当選。翌年三月、議会で除名される。

「わたしは諸君のように利権がほしくて県会議員になってきているのではない。土建業者でもなければ、馬喰《ばくろう》でもない」

自由党議員の野次への応酬が、懲罰動議を招いて「除名」となった。この除名事件は、青森地裁で「甚しく苛酷に失している」との決定をえた。が、このあと、吉田茂首相から地裁に「異議陳述書」がだされて、マスコミを賑わせた。結局、議会は控訴を断念して、米内山勝利となった。

これまた、青森県の後進性を物語るエピソードである。衆議院議員初当選は、六三年一一月、五四歳のときだった。

やがて、寺下力三郎、吉田又次郎、そして米内山義一郎が、「巨大開発」反対運動の中心人物となる。

7　村長選挙

七三年一二月二日。再選に賭けた開発反対派の寺下力三郎村長は落選した。七九票差の惜敗だった。

古川伊勢松(57)　二五六六票
寺下力三郎(61)　二四八七票
沼尾秀夫(57)　一八六三票

投票率は九〇・四七％に達した。

古川新村長は、村内最大の集落である泊の漁協組合長を三期、村議を連続して六期つとめ、村議会議長として開発反対の急先鋒だった。が、まもなく、どうしたことか「条件付賛成」に転じて、ついに村長の椅子に坐ったのである。

最下位となった沼尾候補は、観光会社取締役で、元自民党県連事務局長。開発推進派である。前回の村長選にも立候補して、一〇五票の差で、寺下候補に敗れていた。

寺下さんが七九票の僅差で敗れたのは、開発反対派が敗れたことをあらわしている。圧倒的に資金の多い開発推進派が候補を統一できず、二分していた隙をついて善戦した、ともいえる。

というのも、二二名の村会議員のうち、古川候補を支持していたのが一三人、沼尾候補側に八人ついていた。ムラの選挙は、派閥、地縁、血縁、それにカネでほぼ票読みできるとされている。利益代表者として部落から選出された議員が票をまとめるので、二一名の議員をもつ「開発派」が圧勝するはずだったのが、票差がわずか七九票にすぎなかったのは、彼らの利害が対立して候補を一本化できなかったことにある。と同時に、いまだ開発にたいする不安が根強かった村民の票を、ふたりの利権候補が奪い合った、ともいえる。

寺下さんは、前年の七月中旬、衆議院建設委員会で、「全国総合開発法案」に反対する社会党推薦の公述人として、つぎのように演説している。

「わたしは昭和一三年に北朝鮮ではたらいたことがございます。日本が大陸へ進出中のころでございますが、その体験からこの開発の動向をみて直感しましたことは、いまでは忌まわしい記憶となったあの進出のやり方と、一〇〇パーセントとは申し上げられませんけれども、その手口はよく似ている、こういうことでございます。植民主義者といいますか、侵略者とでも申しましょうか、そうした人たちは現地住民に対話を必要としなかったわけでございます。

もしあったとしても、現地の住民の反対の意見は聞く耳をもたない。民主社会における対話とは全く縁の遠いようなやり方であったわけでございますが、この開発でも、第一に開発の内容は全く巨大な虚構であるということでございます。こうした虚構を前提としたものに対話も合意もあるはずがない。

またさらに重大なことは、自然破壊の前に人間破壊が意識的に先行して行なわれていることでございます。

外地では実弾というと鉄砲でございましたが、私の村では銭でございます。銭には理屈もへちまもないものでございますから、住民の弱点をねらって攻撃を加えてくるのでございます。この内容につきましては、時間の制約もございますので詳細に申し上げることは控えますが、おもとめがございますならばあとで資料として先生方に御提出したいと考えております。わたしどもはこのやり方を銭ゲバと呼んでおりますが、この状況を政治公害と理解しているものでございます。

つぎに重要な問題は、法律さえも軽視あるいは無視されていることであります。現に、農林大臣の許可を必要とする農地の実質的な買収行為が強行されていることでございます。その実面積はすでに一〇〇〇ヘクタールをこえております。こういうことが第三セクターとか称するものによって公然と行なわれておるのでございます。

とくに、最後にお訴えし、お願い申し上げることは、開発の内容はいっさい秘密にされていることでございます。これはあきらかに民主主義の否定であるばかりでなく、開発そのものの危険性を物語っているわけでございます。こうしたことを一方的に押しつけることは、あきらかに自治権にたいする重大な侵犯であるということでございます。いまさら申し上げるまでもないことでございますが、地方自治の本旨は憲法そのものでございます」

正論である。が、その正論も選挙では、「銭」につき崩された。一票一万円とも三万円ともいわれ、買収は公然たる事実だった。古川派八〇〇〇万、沼尾派五〇〇〇万、との噂もあった。出稼ぎに出ていた農民たちは、投票日には飛行機で帰ってきた。いわば開発の経費である。

寺下さんは、「損長」と開発派議員たちに呼ばれていた。儲けに結びつかない村長、という意味である。彼はそれらの議員たちを「村外議員」と評した。あたかも村の将来など眼中にない行動をするからである。

開発反対の拠点でもある、泊部落の漁協組合長だった古川伊勢松議長は、寺下村長を支持して開発反対の先頭にたっていた。が、七二年一月一日発行の公民館報「わかくさ」には、「郷土をあらゆる公害から守り、自然と近代化が渾然一体となった六ヶ所村をつくりたいものです」とすでに「開発」に期待を寄せる文章を寄せている。このとき、寺下村長が「キョダイカイハツが虚大怪発とならないように、また巨大悔発や居耐戒初とならないように慎重に行動したいものです」と警告を発しているのと、きわめて対照的だった。

その一〇ヵ月後の七二年一〇月一日、寺下村長の出張中にひらかれた村議会の「むつ小川原開発対策特別委員会」(全議員加盟)は、突如として「開発推進」を決議した、同委員会は七一年八月、「立ち退き絶対反対」を決議、議会もそれを追認していた。だから、一年二ヵ月目にして、おなじ村会議員たち(一名欠席、三名退場)は、自分たちの決議を自分たちでひっくり返したのである。それも日曜日に、村長の不在を狙ったかのように、さらに傍聴者や記者たちを締めだしての決議だった。

このころ、退場した泊や新納屋出身の議員以外は、たいがい不動産会社の手代になっていたから、公害防止の「条件付き賛成」に変身していたのも当然ともいえた。あけて村長選の年の七三年一月一日号の「わかくさ」には、古川議長は、「今年一二月執行される村長選挙は、このむつ小川原開発に対して、六ヶ所村民の意志を明らかにする年でもあると思います」と立候補への意欲をあらわしていた。

これにたいして、寺下村長の「年頭の辞」は、

「財産を売って行先不安におびえている人、大廈高楼《たいかこうろう》の下で人生の軌道を狂わせた人、或いは地価があがったばかりに骨肉相食む修羅場にある人等々、悲話の種が余りにも多い。「人間の生きがい」とは、無制限な消費生活を追うべきか、それとも収入を目安につつましく平和の中に処すべきなのか！　地域全体を死に追いやる様な開発は断じて許すべきではありません」

と書かれている。村長選挙の前哨戦としては、その年(七三年)の一月、開発対策特別委員長の橋本勝四郎村議にたいする反対派からのリコールと推進派からの寺下村長リコールが請求され、村を二分するリコール合戦となった。

五月におこなわれた橋本村議のリコール投票では、

解職賛成　二二五二票

解職反対　二六四九票

と不成立に終り、六月の寺下村長のリコールもまた不成立となった。

解職賛成　二七二二票
解職反対　三〇〇二票

寺下村長にたいする三〇〇〇票の支持は、暮に予定されている選挙に明るい展望をひらくかにみえた。が、結果は、七九票差で寺下村長落選、となったのである。リコール投票から六ヵ月後に、寺下解職反対三〇〇〇の票が、五〇〇票も減ってしまったのは、選挙の終盤戦にさらにカネを投入できた古川のバックの大きさや村議の締めつけばかりではない、「損長」といわれた寺下の生活哲学が、とにかく貧乏から脱出して都会なみの生活へと浮き足だっていた村民の虚妄なる夢の増幅を押しとどめられなかったからであろう。

「開発」の利益にあやかりたいのは、有力者の村議ばかりでなく、一般村民もまたおなじであった。農業に展望を与えない国の政策が、その根っこにある。寺下村長が「開発反対」の笛を吹いたにせよ、農民の土地は着実に買収されていた。村長選挙の一年も前、すでに村内の土地は三五〇〇ヘクタールも売買されている。

村当局の調査では、登記されたのは、一八〇〇ヘクタールだが、「地目変更」など、農地法による正式な手続きを経ていない面積をあわせると、その二倍以上と推定されている。実際は農耕地として使っているのだが、登記上は「山林原野」となっている土地をそのまま売ってしまったのは、一七五〇ヘクタールの「山林原野」のうち、半分以上を占めている、という。

農地を売買するときには、県知事や農業委員会の「転用許可」が必要とされる。それを回避けるため、不動産業者は、仮登記をしたり、カネを貸したカタに権利書を預かるなどの抜け道を大々的に使っていた。

日本橋にある三井不動産本社の小部屋に、アジトを構えていたダミー会社「内外不動産」は、八〇〇ヘクタールもの土地を買い集めていた。六ヶ所村でまずまっさきに攻略した「大石平開拓地」の買収は、農地法違反を追及されて買いもどしさせられることになった。

そのころ、一〇アール当り五〇〇〇円から六〇〇〇円といわれていたが、内外不動産が買収したのは、立ち退き料もふくめて三万八〇〇〇円。ところが、農地法違反で摘発されたときには、二〇倍ちかい六十数万円となっていた。

県の「是正勧告」を受けた内外不動産は、その価格で元の地主が買い取ることを主張したが、交渉のすえ、結局、半値の三三万円、となった。が、もはや農民には買いもどす資金はない。県の買収機関である「むつ小川原開発公社」があいだにはいって、農民がカネを借り、それで買いもどした形式にして解決した。かつての契約を解約して農民が三三万円で売り直し、内外不動産が六十数万円で「開発公社」に売れば、違法性は解消されたことになる。

三井不動産の江戸英雄社長(当時)は、『マイハウス』(住宅問題研究所発行、七一年一一月号)のインタビュー記事で、つぎのように弁明している。

「二年ほど前、青森県知事と東北経済連合会の会長がみえて、頼まれて(現地を)視察した。……私のところは県、団体から「これだけは買ってくれ」といわれたところだけ買ったが、それ以上は買っていません」

(撮影＝炬口勝弘)

七三年四月一九日の参議院物価等対策特別委員会では、江戸はこうも答弁している。

「私は、五年ほど前に、これはちゃんと関係当局と打ち合せをいたしまして、適正な使用目的と適正な開発目的、それで、これは全面的に将来、組織ができた場合には供出すると、こういう約束でやったのでありまして、現在提供いたしておりまして、私はこれについて大幅な利益を得るという意思は全然ございません」

不動産協会会長、国土総合開発審議会の特別部会委員として、むつ小川原開発の情報を事前に入手していた江戸社長は、鹿島開発につづいて六ヶ所村での土地の先行取得に乗りだした。その手引きは、竹内知事がおこなったことを、彼はみずから認めたのである。

三井不動産は、五〇年代後半から、千葉県とともに市原地区埋立て、造成事業を実施、そのあと、千葉港の埋立てにも参加して、「官民協力」によって基盤を築いた。皇居を見下ろす、日本最初にして最後の超高層「霞ヶ関ビル」は、千葉県の開発で儲けた記念碑でもある。

寺下村長を追い落した背景には、三井不動産など財界と県知事との共謀があった。古川新村長は、竹内知事直結だった。

七三年一二月の村長選のあと、開発反対運動は急速に退潮にむかった。それまで、わたしが記憶しているだけでも、七二年六月三〇日の県庁前での集会とそのあとの市内目抜き通りのデモ行進、七三年三月二五日の第一中学校での「全国労農漁民大集会」がある。この集会には市川誠総評議長、成田知巳社会党委員長なども参加した。

会場の体育館は一年半前、竹内知事に投石した記念すべき場所で、二〇〇〇名以上が集まっていた。市川、成田の両氏は、参加者が坐りこんでいる足のあいだを、抜き足、差し足でようやく壇上にたどりついたほどだった。が、その集会はいわば通り一遍のキャンペーン集会で終っていた。

反対同盟は規約の第九条に、「同盟の団結をみだし、権力の介入を導く、暴力的破壊的過激派集団(全共闘、反戦青年委員会、革マル、中核等の青年学生集団をさす)は同盟員にしないし、運動の中から排除してゆく」とのいわずもがなの一項を挿入していた。

これは組織ごと反対同盟に加入するという変則的な参加をしていた、日教組六ヶ所支部の教師がいれたもので、運動のはじまりから「排除」を前提にする過ちをおかしていた。過激派排除の衝動は、七一年一二月、反対同盟の集会の傍聴に訪れた宇井純東大助手を退場させる、という前代未聞の珍事を招いている。

退場をもとめる教師のあとを受けて、会場で大声をあげてわめいたのは、鹿島で運動をしていた、との触れこみで米内山義一郎さんなどに接近していた、水戸の「開発問題研究家」だった。彼が村外の支援を排除し、運動を偏狭なものにした急先鋒だった。

寺下村長落選の夜、選挙事務所に集まった村のひとたちが、七九票の惜敗に打ちのめされていたとき、彼はどう計算ちがいをしたのか、突然、怒鳴りこんできた。気丈夫な木村きそさんが「スパイ」と面罵し、それ以来、彼は村から姿を消した。

「さらばハイエナのきた村」が、彼の弁明の文章だが、ここでのハイエナは、奇妙にも村の土地を買い占めて歩いた財閥系の不動産業者や県職員たちではなく、「「左翼」ヅラした学者、モノ書き、運動屋、民主的ポーズのジャーナリストたち」のことだった。彼の攻撃は、つねに支援勢力にむけられ、あたかも反対同盟を孤立させ、内部に動揺を与えるのがその狙いのようでもあった。

六ヶ所村の運動が、「鹿島の教訓を学ぶ」といいながらも、孤立無援で開発に反対し、ついには鹿島町長の座から追い落された黒沢義次郎さんとついに出会うことがなかったのは、その男が自分の経歴を熟知している黒沢さんを批判し、ちかづけなかったことにもよった。

米内山さんによれば、彼に接待されたのは右翼の大物が経営している水戸と銚子の高級料亭で、本人は当時では珍しいベンツを乗りまわしていた、というから不思議な存在だった。巨大開発史の一齣《ひとこま》である。

古川村長が出現して一年たって、寺下前村長の後援会である「新生会」は、新村長にたいするリコールを請求した。「前任者が苦心してつくった繰越金二億円を村民のために使用していない」などが、解職をもとめる理由である。これには、一年前、村長選挙を争った「暁友会」(沼尾派)も共闘することになった。

ところが、一ヵ月たって署名運動がはじまる直前、暁友会は一転して古川村長と手を握って、リコール阻止、開発を強力に促進すると申し合わせた。この結果、リコールは中止、となったのだが、この背景について、『東奥日報』(七五年一月二八日)は、つぎのように書いている。

「キャスチングボードを握る「暁友会」が本気になって開発反対派と連合、万一、リコール成立でもしたら、開発は根底から揺らぎかねない。そこで、むつ小川原開発会社の安藤社長と同郷人で上北町で小川原湖温泉を経営、古川村長、沼尾氏とも親しい忠岡武重氏が両者の仲に入ってここ数日、ひそかに裏工作を進め、やっと両者の歩み寄りがなった」

これもまた、巨大開発をめぐる暗躍の一齣、である。ところが、肝心の開発は、七三年一〇月五日、アラブ連合軍のイスラエルへの奇襲攻撃に端を発した、「第四次中東戦争」がもたらしたオイルショックによって、息の根を止められていた。

陸奥湾岸のむつ市から、東にむかっていくつかの丘を越えたバスは、やがて太平洋岸に突きあたる。そこが小田野沢で、バスはそのあと一路南下して、六ヶ所村の泊部落にむかって走る。かつて、菅江真澄や古川古松軒などが通りすぎた道である。一日数便しかないバスは、その日はお盆のせいもあってか満員だった。

出発する前、わたしはむつ市のバスセンターで切符をもとめた。「南通まで」。そういうと、ちいさな孔のあいたガラスのむこうで、売り子は当惑したように、「南通の停留所はもうありません」という。部落が「原発予定地」の中心地として買収されているのは知っていた。その跡へいってみようと思っていたのだ。もしかして一軒ぐらい残っているかもしれない。が、しかし、もう住むものもなく、降りるひとも乗るひともいなくなってしまえば、バス停は廃止になって当然かもしれない。

東通村の南にあたる「南通部落」二〇戸のうち、先に買収に応じた一二戸は、むつ市に代替地を譲られて集団で移住し、残った八戸は北隣りの小田野沢部落の入り口に、赤土と岩盤に覆われた二反歩ほどの宅地をもらって住んでいる。あたらしい住宅地に、その辺りには珍しい片流れのモダンな屋根とアルミサッシの輝く家が軒を並べて建っていて、通りすぎるものの眼をそばだたせる。

が、二〇年以上も血と汗を流しながら切り拓き、手塩にかけてきた耕地のほとんどは、そのあたらしい家の一軒分で消え、あとにはさほどの現金は残らなかった。男たちはほとんどは出稼ぎや道路工事に出かけ、女たちは土から根こそぎにされ、家事だけが仕事になってしまっていたのだった。

最後まで抵抗していた馬場勝雄さん宅を訪問すると、主人がいなくて、ことし七九歳という父親の嘉吉さんがひとりで留守番をしていた。玄関脇にちいさな植木がたち、そばに一メートルほどの「記念碑」が建っていた。その石にはこう刻まれている。

「南通部落原発移転　記念碑　昭和四十七年十二月十五日」

移転を記念して石碑を建てたのはどんな感情からだったのだろうか。馬場さんがいないので訊くことはできないのだが、それはあたらしい生活への決意でもあるのだろうか。「原発移転」の四字に、主人の無念さが彫り込まれているようでもある。

はじめのころ、みんなの移転したくない感情を村議会に反映させるため、部落から「対策委員」をだした。が、その対策委員はこんどは逆に移転を説得する役割にまわった。馬場さんも対策委員だったが、彼は筋を通し、涙を呑んで辞任した、と語っていた。

「二五年以上もこの土地で苦しんできたのに、そのすべてをカネで解決しようというやり方が気に喰わない」

そう語っていた。だからわたしには、ちいさな私的な記念碑が、けっして晴がましいものではなく、苦い想いの結晶のような気がしてならない。

嘉吉さんはこういう。

最後にはオラの家と学校だけが残った。学校は先生と一年生の孫のふたりだけになった。その学校も廃校になるし、あすこにいては小田野沢の学校まで通学させるのは無理なことだ。宅地分として二反歩を村でだす約束だったけど、ほれみてみろ、あの通り岩盤があってどうにも使いようのない分まではいっているんだ。それに村有地を四反歩分けてくれる約束だったけど、三年たってもまだよこさないし、さいきんでは三反五畝にするだの、挙句の果てには念書がないから知らないなどといいだしている。はやくだしてくれって、村長のところにみんなで何回も押しかけていってるんだけど、村有地をやるといった証拠があるか、っていいだしている始末さ。

役場も議員連中もいろいいことといって、実行したものはなにひとつねえのさ。いまごろ南通にいれば、なんの心配もなく、なに不自由なく暮しているんだ。植えた防風林もだんだん成長《おが》ってくるし……。いまはここにきて、なんでも買って喰って、それも三倍もたかくなってしまってよ、これからカネがなくなってしまえばどうなるのか。倅も年とってしまえば、これからは手間賃とることもできねえべな。死ぬときは原発にかぶりつきたい。

馬場さんよりすこしまえに移転してきた畑中又蔵さんは、いま住んでいる小田野沢部落から入植したので、馬場さんほど不遇を託《かこ》つ、ということではなかった。一九五三年に入植し、二町五反ほどの水田をもっていた。これからもうちょっとちがうことを、とあらたな経営意欲をもちはじめた時に、原発の話が出てきたのだった。畑中又蔵さんは諦め切った表情でこういった。

「どこへいったって住めば都だべ。三年も暮せばこっちがいいように思うもんだ。コメをつくっていたって、まいとし天候に左右されるんだ。出稼ぎはたしかに他人《ひと》に仕えることになるが、きまったカネがはいってくるし、それはそれでいいもんだよ」

はじめてお会いしたとき、彼はこれからなにをやるか途方にくれている、といっていた。男はどこへでもはたらきにいけるけど、女は土から離れてどうするんだ、と泣いていたのがここのお嫁さんだった。わたしは彼女とも話してみたかったのだが、お盆のせいかひどく忙しそうに出入りしていて声をかけられなかった。住む場所が変っても、当然のことながら生活がつづいている。生活しつづけなければならない。

すぐ裏手の海にでてみた。太平洋から打ち寄せ、白い歯を噛む波の列がどこまでも長く伸びる海岸線で、子供たちが歓声をあげながら跳びはねているのがみえた。手ぬぐいで顔を覆

（撮影＝島田 恵）

った母親たちが、砂浜に干したコンブを一枚一枚裏返しにして歩いていた。

原発がくるとこんなこともできなくなりますね、と話しかけると、「知ってます。ンだから、反対です」とそのひとりが答えた。商店の主婦もみんな反対だべサ、ともいった。土地を売ってしまったひとたちも、原発の恐しさを知るようになった。原発と隣りあわせに住むのはいやなことだ、と思いはじめたのである。

小田野沢から、いまは廃墟となった南通をすぎて、さらに海岸沿いに起伏に富んだ道を南下すると、東通村の南端の集落、白糠《しらぬか》に到着する。白糠港はちいさな入江だが、天然の良港となっていて、コンブやウニ、アワビなどの根付漁業のほか、イカ釣りの基地となっている。戸数は三九〇戸、人口約二〇〇〇人。

漁港にむかうちいさな峠のうえで、油屋を営んでいる伊勢田操さんは、七四年三月に発足した「白糠地区海を守る会」の会長である。ここでもようやく原発反対運動がはじまった。彼は六五年五月、東通村村議会が満場一致で原発誘致を決議したときの村会議員で、熱心な推進議員だった。科学の力を素朴に信じていたし、地域開発のためになる、と考えてのことだった。

その伊勢田さんがいま反対運動の中心になっていることに、原発反対運動の可能性がふくまれている。真面目に事物について考えるひとなら、はじめは賛成であっても、やがては反対派になるという教訓を示しているのである。いま、彼の家にはいれ替りたち替り、部落のひとたちがやってきて原発批判の話になる。奥さんは夫に優るとも劣らないほど運動に熱心である。

六五年五月、村議会は県に原発誘致の「請願書」を提出したのだが、なんの音沙汰もなかった。三ヵ月後に、助役が村長になっても、村の誘致の姿勢には変りはなかった。「出稼ぎの村」として、とにかく工場が欲しかったのだ。

そのうち、隣りの六ヶ所村の出戸地区でも通産省の原発立地調査がはじまることになって、七〇万円の予算がついた、とのニュースが伝わってきた。こっちのほうも負けていられない、と村議会で問題になったが、翌年にもち越した。村長が県にでかけていくと、県知事は「待ってました」とばかり、「やるべし」となったそうである。どうもこの辺が老獪な知事の術中にはまったようである。

すると早速、県の企画室の職員がとんできた。原子炉から出る熱は八〇〇から一〇〇〇度にもなるから、それを利用して、東通村に無尽蔵にある砂鉄を原料にした製鉄工場ができる、パイプを引いて道路の除雪ができるなどと結構ずくめだったし、僻地の発展を願う真面目な議員を喜ばせて余りあるものだった。

電力会社の招待で、ある原発地へ見学にいったとき、「温排水に放射能がふくまれることがありますか」と伊勢田さんは質問した。すると、そこの次長が、「ふくまれることもありえます。作業員が作業衣を洗濯して、それが海にはいることもありうる」と答えたという。このときから、彼の技術にたいする信仰がすこしずつ崩れだしたのだった。

温排水の温度が最低でも、七、八度海水よりたかくなってしまうこと、また排水のパイプにカキなどが付着しないように、シアンなどを流すことなどもやがて知るようになり、彼の疑問は次第にひろがり、その後、勉強すればするほど危険を感じるようになった。

その頃から、村に住みこんだ県職員たちによる土地買収が急ピッチではじまった。伊勢田さんは畑の買収に反対していたが、まわりをぜんぶ買い占められてしまった。彼の土地だけが、まるで島のように孤立し、県職員に「ヘリコプターで畑へ行くのか」とからかわれるようになり、ついに手放してしまった。その代り共有地は絶対死守する、と決心している。

さいきん、伊勢田さんは成人したふたりの息子を一挙に亡くした。目のまえの海で遭難したのだった。亡くなった長男は、数多くの公害の本を残していた。もしもいま生きていたら、きっとこの原発反対運動で活躍していたはずだ。奥さんは息子たちの生命を奪った海はみたくもない。しかし、息子たちが守ろうとした海を守るのは、親としての義務だ、と信じている。

伊勢田さんも組合員である白糠漁協は組合員四七〇人、専業漁師も多く、漁業権を放棄することなどはまったく考えられない。共有地ではまだ三人の絶対反対者がいるし、私有地でも隣りの部落をふくめて四人の反対者が残っている。いま計画が具体化している原発予定地で、もっとも難航しそうなのが、この「下北原発」といえる。

長さ六キロ、幅一・五キロ、約九〇〇ヘクタールの原発予定地に、東京電力、東北電力あわせて二〇基。もしそれが計画通りに建設されたとしたなら、もはやこのあたりは無人地帯となるしかない。

海にむかって建っている、まだ竣工したての野辺地漁協の組合事務所にはいっていくと、組合長の三国久男さんはひとり、机に坐ってテレビを眺めていた。甲子園からの高校野球の中継である。「おひとりですか」と声をかけると、「お盆だからね」とのんびりしている。この三日間は漁は休み、漁業組合も休みなのである。

「どうしてこう、青森県にばかりなんでももってくるんだべな」

三国さんは苦笑まじりにいう。

野辺地漁港は陸奥湾をはさんで大湊港とむかいあわせになっている。対岸の大湊港に繫留されている原子力船「むつ」は、なんとか出港、試運転の機会を狙っている。そればかりか、「むつ湾小川原開発」計画によって、波静かな入江である野辺地港の鼻先には、勝手に五〇万トンタンカー・シーバースと書き記《しる》され、三国さんたち陸奥湾沿岸漁民はこのところ、お上を相手にした反対運動に忙しく、なかなか気の休まるときがなくなった。

下北半島の太平洋岸には、東京電力、東北電力による二〇〇〇万キロワットの原発地帯の計画がある。原子力船、巨大開発、巨大原発、この三つの侵入者たちは、まるでたがいに競いあうかのように、あわただしく動きまわっている。残念ながらまだこれらの反対運動はうまく結びついていないが、三国さんならずとも、どうしてこうも青森県の、それも下北半島にだけ、なんでもかんでも押しかけてくるのだろう、とボヤきたくもなる。

だいたいわたしが子どものころ、青森県が話題になるのは、大火とか尊属殺しなどの事件が発生したときぐらいのもので、一面や経済面の記事になることなど、ほとんどといっていいほどなかった。

むつ市の原子力船「むつ」の保留岸壁は、ついこのあいだ幻に終った「むつ製鉄」の予定地である。大湊線の車窓からは、無惨にも破れトタンが風に吹かれている巨大な工場建屋《たてや》を望むことができた。それが海軍要港部時代の工廠跡で、戦争の亡霊の地に、製鉄所、そして原子力の夢が築かれたのだった。

広大にして波静かな陸奥湾は、天然ホタテの産地とはいえ、漁獲高ではさほどのことはなかった。樺太やカムチャツカへ「ニシンの神様」として出稼ぎに出ていた沿岸漁民は、めくされガネにまどわされて、引き受け手のない原子力船をひきいれてしまった。

しかし、さいきんになって、この波静かなだけが取り柄だった陸奥湾の表情は一変した。およそ一〇年を周期として異常発生していたホタテ貝の養殖技術が確立し、異常発生を日常化し、生産物として定着させることに成功したのである。六九年六〇〇〇トンにすぎなかったホタテ貝の収穫高は、七一年一万二〇〇〇トン、七三年三万トン、そして七四年は六万トン、年間一〇〇億円と、いまやリンゴにつぐ重要産業となり、陸奥湾は宝の海へと変貌したのである。

海の青さをそのまま残した数すくない湾に生育する純白のホタテ貝は、こんごの陸奥湾漁民の豊かな生活を保証している。若者たちは出稼ぎから帰り、〝家業〟に専念するようになった。ついに「ホタテ御殿」も姿をあらわした。いつか三国さんは、それまで老人だけのチームであった漁協の野球チームがすっかり若返り、野辺地町でも最強のチームになった、とうれしそうに話したことがあった。

生活が漁民の手にたち返ってきたのであり、それを侵すものとしての五〇万トンタンカーのシーバース計画や原子力船にたいする反対はたしかなものになった。六ヶ所村の運動が排他性を強めて先細りになっていたあいだ、わたしはむつ横浜町に住む杉山隆一さんたちと、星野芳郎さんや水戸巌さんなど反原発の学者の協力をえて、下北半島で講演会を準備していた。

野辺地漁協をたずねた七四年八月、「むつ」をめぐる動きはにわかに激しいものになっていた。「むつ」は船体と原子炉が完成して二年たってなお、漁民の反対によって出力試験を実施できないままでいる。政府は関係閣僚懇談会で「八月出港、出力上昇試験」の実施を決定し、強行突破する方針である。

七四年六月上旬、母港周辺の脇の沢村、川内町、むつ市、横浜町、野辺地町、平内町（清水川支所）の六漁協は、「母港移転決議」をおこなった。さらに七月下旬には、湾内一五漁協、約六〇〇〇人で組織されている、むつ湾地区漁協経営対策協議会は、「出力試験終了後、ただちに外洋に移転することの確約」など六項目を要求している。

それらの動きを報道している新聞を読むと、県や国が「母港移転の方向」を示唆しただけで漁民側が妥協し、あとの問題は補償だけのような印象を与えられるが、三国さんは「新聞は嘘を書いている。まだなんにも同意していない」といきまいていた。

隣町のむつ横浜漁協の組合長であり、県漁連の会長でもある杉山四郎さんを自宅に訪ねると、彼は出力試験に賛成している漁協幹部もいるが、反対派はまだまだ多数だ、と力説した。一方、「原子力母港反対」をスローガンに立候補し、七三年一〇月、むつ市長に就任した菊池渙治さん(革新系無所属)も、県知事の再度にわたる〝説得〟もふりきって、出力試験の実施に反対している。

そして、八月下旬、漁民の反対をふりきって強行出港した「むつ」は、案の定、洋上で放射線洩れ事故を起こし、あたかも幽霊船のごとく漂流する破目になったのだった。

六ヶ所村年表（1997年4月2日以前）

およそ1万年前　北方系人類が住むようになった．

およそ5-6,000年前　倉内，中志，尾駮，泊などに縄文人が住んでいた．

紀元100年頃　弥生式文化伝来．

658（斉明4）年　阿倍比羅夫，「えぞ」に侵攻．

712（和銅5）年　出羽国を置く．これにより陸奥国は陸奥と出羽の2国に分かれる．

715（霊亀元）年　相模，上総，常陸，上野，武蔵，下野6国の富民1000戸を陸奥に配し開拓．

797（延暦16）年　坂上田村麻呂征夷大将軍を任ずる．

951（天暦5）年　『後撰和歌集』に「おぶち」の駒の歌が載る．

1199（正治元）年　泊，七戸南部氏の領地となる．

1456（康正2）年　蠣崎蔵人，田名部（むつ市）から南下．泊，野辺地，白糠で激しい戦い．

1589（天正17）年　南部氏の1支族だった為信，南部氏に反旗を翻して津軽地方を統一，「津軽」氏を名乗る．

1783（天明3）年　天明の大飢饉．皆無作，人肉を食った記録多数．

1788（天明8）年　『東遊雑記』の著者古川古松軒，幕府巡見使に随行．泊，尾駮，平沼を通過．

1793（寛政5）年　菅江真澄，田名部からおぶちの牧へ南下．

1868（明治元）年5月　「奥羽越列藩同盟」を結成．**7月**　津軽藩，「列藩同盟」から脱落し，勤王に与する．**9月**　津軽藩と南部藩との野辺地戦争．

1871年　弘前県が青森県と改称，県庁は青森に．

1889年　倉内，平沼，鷹架，尾駮，出戸，泊を統合して六ヶ所村となる．平沼に村役場．

1891年　東北本線全通．

1920（大正9）年　六ヶ所村村役場，平沼から尾駮に移転．

1930（昭和5）年　東北地方，冷害による凶作（以降，33年を除いて4年間続く）．

1934年　身売り，青森県内外で7,083人となる．「東北興業」（のちの東北開発）設立．

1937年　弥栄平開拓団入植．

1945年7,8月　村内各部落で米軍艦載機の攻撃による死者および火災が発生．敗戦．

1946年　水稲の耐冷，耐病性に優れた「藤坂5号」開発．

1947年4.28　上弥栄開拓団入植式．**7.10**　農林省馬鈴薯原原種農場設置．

1950年　国土総合開発法制定．県，「下北特定地域総合開発計画」立案．

1954年　世銀借款によるジャージー牛の導入．

1955年 2.4　米軍機平沼に墜落，搭乗員死亡．

1957年 5月　東北開発三法(東北開発促進法，東北開発株式会社法，北海道東北開発公庫法)制定．10月　国土総合開発法に基づく特定地域として北奥羽を指定．

1958年　「陸奥運河期成同盟」発足．県議会，工場誘致に関する意見書を決議，経済企画庁に陳情．

1962年　県，ビートの普及奨励．フジ製糖，六戸町に工場を新設．「全国総合開発計画」閣議決定．

1963年　通産省，むつ市にむつ製鉄株式会社の設立を認可．

1964年 3.3　八戸地区，新産業都市区域指定．11月　三菱グループ，「むつ製鉄」建設断念を通告．12月　通産省，原発適地調査．東通村は「好適地」と報告．

1965年　村としての原発誘致はじまる．5月　東通村議会，「原子力発電所設置についての請願書」を採択．

1967年　ビート栽培中止．六ヶ所村内開拓地を中心として土地買い占めはじまる．8月　東北開発審議会の産業振興部会の報告で「陸奥湾に原油輸入基地」の構想．9月　原子力事業団，原子力船の母港をむつ市下北埠頭と決定．

1968年 9月　東北経済連「下北半島にウラン濃縮，核燃料加工・再処理施設，高速増殖炉などの建設構想」策定．

1969年

3月　日本工業立地センター，「陸奥湾小川原湖大規模工業開発調査報告書」を発表．

4月　東通村原子力発電所対策協議会で受け入れ決定．

5.30「新全国総合開発計画」閣議決定．その前から不動産ブローカーによる六ヶ所村内の土地の買い占め激化，地価高騰．

6.21 原子力船「むつ」と命名され，進水．

7.14 経団連，国土開発委員会大型プロジェクト部会の一行，「陸奥湾小川原湖開発」予定地の全域を視察(15日まで)．

8月　青森県企画部開発課，「陸奥湾小川原湖地域の開発」を発表．

8.9 植村，岩佐，堀越，花村など経団連三役が「陸奥湾小川原湖開発」予定地の全域を機上から視察．

12.21 六ヶ所村長選挙，寺下力三郎氏当選．

1970年

減反はじまる.

2.24 竹内県知事，小川原湖地域に原発施設建設と発表.

4.1 県，陸奥湾小川原湖開発室(11月にむつ小川原開発室に改称)を設置.

20 陸奥湾小川原湖大規模工業開発促進協議会発足(関係16市町村).

24 竹内知事，三井不動産などに県の開発計画について説明.

6月　東北・東京電力，東通村に下北原発として20基の建設計画発表.

6.25 竹内知事，東京・東北両電力と東通村の原発建設用地買収取得協定に調印.

7月　東通村，第1回買収交渉.

7.19「むつ」大湊港に入港，接岸.

1971年

1月　知事選，竹内候補3選.

1.22 下北原発用地の私有地売買契約開始．契約者461名，反対者35名.

3.25 むつ小川原開発株式会社設立.

31 むつ小川原開発公社設立.

4.24 上弥栄開拓部落で，姉弟の無理心中事件(生き残った弟はのちに自殺).

8.14 県，「むつ小川原開発推進についての考え方」(住民対策大綱案および開発構想，開発区域面積1万7,500ヘクタール，34集落・2,026世帯，9,614人)発表.

20 寺下六ヶ所村長，「大綱」を批判，開発反対表明.

25 六ヶ所村議会の全員協議会，県の「住民対策案」に反対を決議.

9.3 平沼老人クラブの総会，開発反対，立ち退き反対を決議．「むつ小川原湖巨大開発反対趣意書」を村長と知事に提出.

4 新納屋部落，開発反対決議．原原種農場で縄文後期の若い女性の人骨発掘.

21 六ヶ所村議会，村内の開発対策協議会に対して1,000万円の「助成金」を計上する議案などを承認.

10.15 平沼，老部川，新納屋，泊，倉内，戸鎖などの反対組織を糾合して，むつ小川原開発反対同盟を結成，吉田又次郎氏を会長に選任.

23 竹内知事，「地元住民との話し合い」で来村，激しい抗議に遭う．「むつ小川原開発第二次案公表」(開発区域面積7,900ヘクタールに修正).

27 株式会社むつ小川原総合開発センター設立.

12.23 六ヶ所村議会と村長との対立表面化.

12月末　下北原発，用地680ヘクタール契約．総額20億円.

売り渡し拒否者8名，共有地の買収難航．

1972年

2.13 財団法人青森県むつ小川原開発公社，土地価格および補償基準等発表，用地交渉説明開始．

3.3 東通村長・村議会，県へ陳情，六ヶ所村なみの買収価格を要請．

6.8 むつ小川原開発第一次基本計画および住民対策大綱を決定(開発区域面積5,500ヘクタールに修正)．

30 六ヶ所村反対同盟，県庁前で集会，デモ．

9.13 むつ小川原総合開発会議(11省庁)で，「むつ小川原開発について」申し合わせ．

14 むつ小川原開発について閣議口頭了解．

23 新全総，公害反対の全国集会，六ヶ所村で開催．

10.12 六ヶ所村の開拓地の立ち退き第1号出る．

30 六ヶ所村農業委員会，開発推進を決議．

12.14 開発賛成促進派，六ヶ所村議会の多数派となり，寺下村長と議会の対立激化．

21 六ヶ所村議会，むつ小川原開発の推進に関する意見書(14項目)を決議．

25 公社，用地買収交渉開始．

1973年

3.10 新納屋開村100年記念式典．

25 むつ小川原巨大開発反対全国集会，六ヶ所村で開催．

5.13 六ヶ所村議橋本勝四郎氏のリコール投票，不成立．

6.4 六ヶ所村，寺下力三郎村長のリコール投票，不成立．

7.20 三井不動産，買収した800ヘクタールの土地をむつ小川原開発公社に売却すると表明．

31 公社，用地買収50%に達する(1,672.7ヘクタール)，このころ，地価は3年前の200倍．移転者が出はじめる．

12.2 六ヶ所村長選挙，反対派の寺下村長79票差で落選，開発派の古川伊勢松村会議長が当選．

21 東通村，原発予定地の地権者との間で，21億円の上積みで妥結．

1974年

3.17 東通村で「白糠海を守る会」結成．

4.30 千歳新住区で，妻が夫を刺殺．

7.9 電力側，下北原発の抜き打ち調査．気象観測用鉄柱たてる．基礎調査開始．

8.26「むつ」出力上昇試験のため，漁民の反対を押し切って出港．

9.1「むつ」出力上昇試験中，出力1.4%で放射線漏れ，試験中

止，漂流．
10.15「むつ」大湊へ帰港．
11.30 新市街地造成工事着工．

1975年

2.2 竹内知事，4選される．
3.24 上弥栄小学校閉校式．
12.30 公社，用地買収90％を越える(2,958.5ヘクタール)．

1976年

8.2 小川原湖淡水化対策協議会設立．

1977年

3.21「六ヶ所村開発反対同盟」，「六ヶ所村を守る会」に改称．
4.20 東京・東北両電力，白糠・小田野沢両漁協と海象調査調印．迷惑料7,800万円，期間5年．
8月 泊漁協，東通原子力発電所建設のための海象調査について了解．
9.13 運輸省，むつ小川原港重要港政令指定．
12.4 六ヶ所村長選挙，古川村長再選．

1978年

6.19 通産省から県にたいし，石油国家備蓄について協力要請．
8.18 六ヶ所村内3漁協にたいし，むつ小川原港整備に伴う漁業補償金額について協議，村漁協4億4,300万円，海水漁協61億7,200万円，泊漁協8億8,400万円．
10.23 資源エネルギー庁，むつ小川原地区を石油国家備蓄の企業化調査の対象地として選定．

1979年

2.4 知事選，北村正哉氏当選．
4.10 六ヶ所村海水漁業協同組合臨時総会，「漁業補償に関する関係議案」(補償額118億円など)を満場一致で可決承認．
5月 六ヶ所村漁協臨時総会，補償額15億円を承認．
5.31 六ヶ所村漁協，総会で共同漁業権の放棄および漁業補償金を承認．
7.31 開発区域内の農地明け渡し開始．
9.8 開発区域内の鷹架部落，閉村式．
10.1 石油公団から県にたいし，むつ小川原地区への「石油国家備蓄基地」立地決定について通知．
22 米内山義一郎氏「漁業補償金額は政治加算」と青森地裁に提訴．
26 弥栄平部落，閉村式．
11月 泊漁協と県の交渉で同漁協「50億円」要求で譲らず．
11.21 石油国家備蓄基地建設起工式．
12月 射爆場移転で県が村議会，泊漁協に説明．

12. 20 むつ小川原石油備蓄株式会社設立.

1980年

2. 12 県と泊漁協との間で「漁業補償に関する覚書」(補償額33億円)調印.

3. 28 株式会社むつ小川原総合開発センター解散.

31 県と泊漁協および白糠漁協との間で「漁業補償に関する協定書」調印.

7. 23 むつ小川原港湾起工式.

11. 11 陸上自衛隊対空射爆場用地の賃貸借交渉開始.

1981年

4. 13 米軍機の模擬弾, 平沼の水田に落下.

6. 22 米軍機の模擬弾, 倉内の水田に落下.

7. 1 陸上自衛隊六ヶ所対空射爆場, 泊に移転, 開所式.

12. 4 東北・東京両電力, 下北原発の第一次計画を発表, 4基で440万キロワット.

6 六ヶ所村長選挙, 古川村長3選.

1982年

4. 26 電源開発株式会社, 大間町, 佐井村・風間浦村などで組織する大間原発環境調査協議会に適否調査を申し入れ.

5. 26 東北・東京両電力, 東通原発(下北原発を改称)関係6漁協に補償交渉申し入れ.

6. 15 泊漁協臨時総会, 自衛隊対空射爆場の六ヶ所村泊への移転を強行採決で承認. 漁協補償8,000万円.

9. 1 電源開発(株)が新型転換炉(ATR)を大間町に立地内定と新聞報道.

6「むつ」佐世保から大湊港に出戻り.

29 小田野沢漁協, 東通原発で補償交渉受け入れを決議.

1983年

8. 29 海上自衛隊, 昭和60(1985)年度より八戸基地にP3C航空隊を配備と発表. 防衛施設庁, F16配備にともなう84年度施設整備予算182億4,400万円を三沢市に提示.

30 白糠・小田野沢両漁協, 東通原発について東京・東北電力と初の漁業補償交渉.

9. 1 むつ小川原国家石油備蓄基地にオイルイン開始.

7 県, 下北地域開発基本構想を策定. エネルギーフロンティアとして原子力開発を打ち出す.

9 原子力委員会, 新母港建設費を129億円, 大間の新型転換炉の開発費を38億円と見積る. 菊池むつ市長, 市議会で「5者協定を守らせるために新母港建設を推進, 新母港には廃炉の処理施設が必要,「むつ」は新母港

で廃船となる」と答弁.

10.4 国土庁, 第四次全国総合開発計画で, むつ小川原開発第二次基本計画の見直しを示唆.

11.15 三沢基地に E2C 臨時警戒隊発足.

16 海上自衛隊対潜哨戒機 P2J がロケット弾を新納屋地区に誤射.

12.10 東京・東北電力, 東通原発建設につき, 白糠・小田野沢両漁協にたいし, 漁業補償 28 億 7,000 万円を提示.

24 備蓄基地で原油漏出事故発生, 49.5 キロリットルの原油流出.

1984 年

1.5 電事連, むつ小川原核燃料サイクル基地建設構想を発表.

17 自民党科学技術部会,「むつ」廃船を決定.

2.21 白糠, 小田野沢漁協の合同対策委, 東通原発建設に伴う漁業補償提示額 38 億円を拒否.

22 原子力事業団, 関根浜新母港建設に着工.

3.11 鷹架小学校閉校式.

4.20 電事連, 北村知事に核燃料サイクル基地の建設受け入れを正式要請.

7.18 電事連, 立地点を六ヶ所村と発表. 六ヶ所村長,「できるだけ早く受け入れたい」と発言.

10.10 地方自治研究会, 核燃料建設に関する六ヶ所村住民の意識調査(反対 43%, 賛成 19%, 不安 68%).

1985 年

1.16 六ヶ所村議会全員協議会で立地受け入れ決定, と発表(古川村長独断で紛糾).

25 県労, 核燃料立地諾否は県民投票で決めるべきである, と直接請求署名運動を提起.

29 大間漁協総会, 新型転換炉建設にともなう原発対策委員会設置を否決.

30 奥戸漁協もまた総会で原発調査対策委員会設置を否決.

2.10 白糠漁協臨時総会,「東通原発」にともなう補償案否決.

28 原燃産業株式会社, 設立総会.

3.23 上北地区農協青年部連絡協議会, 農政連上 13 地区本部, 核燃サイクル立地反対を決議.

4.2 F16 戦闘爆撃機 2 機強行配備.

5 青森県農協青年部および婦人部, 核燃反対決起集会.

8 核燃署名一斉提出(目標 10 万人にたいし, 9 万 3,643 名).

9 泊で「核燃から漁場を守る会」結成. 県議会全員協議会, 受け入れを決定. これにたいし, 県労および住民団体抗議集会.

11 むつ小川原開発計画会議, 第二次基本計画の一部修正(核燃施設への変更容認).

18 六ヶ所村など関係 5 者, 基本協定に調印.

5.10 県労, 県民投票条例制定直

接請求を県議会に提出.
26 泊漁協，立地環境調査への同意は臨時総会で対応することを決定.
6.7 六ヶ所村議団，核燃早期調査を県に要請.
27 原燃サービス，原燃産業，立地環境調査開始(陸地).
7.11 六ヶ所村漁協，海域調査に同意.
14 泊漁協臨時総会流会(紛糾が原因でのちに5名逮捕).
31 六ヶ所村海水漁協，海域調査開始に同意.
8.16 六ヶ所村八森の酪農青年など，核燃反対村おこしコンサート.
9.19 泊漁協，核燃反対の滝口組合長を不当に解任，推進派の板垣組合長選任.
24 板垣組合長「年内に臨時総会を開いて海域調査受け入れをきめたい」と表明.
26 滝口組合長，地位保全の仮処分を申請.
10.26「六ヶ所原燃PRセンター」オープン.
12.1 六ヶ所村長選挙，古川村長4選.
9 泊漁協理事会，海域調査受け入れを抜き打ち決定.
21 海域調査の諾否については，臨時総会で決めるべきと泊漁協の臨時総会開催要求署名運動.理事会は臨時総会開催を決定.
26 泊漁協板垣組合長，理事会決定を反故にして海上調査に同意，同意書を原燃2社に提出.

1986年

1.6 泊漁民，海域調査同意無効の提訴.
10 泊漁協臨時総会，同意書の撤回を決議.滝口組合長選任.
11 板垣組合長，古川村長，泊漁協臨時総会における「調査同意書の撤回決議」の無効を県および原燃2社に説明.
4.9 県労主催「反核燃4・9泊集会」開催，泊地区をデモ行進，原燃2社に抗議行動.
26 ソ連チェルノブイリ原発事故発生.
5.9 六ヶ所村漁協，海域調査で用船協力拒否.
6.2 原燃3社，海域調査を強行，機動隊泊漁港を封鎖.県労主催「海域調査団阻止緊急青森県集会」，そのまま3日まで泊港に座り込む.泊沖海域調査阻止船11隻出港.
3 白糠漁港から30隻が支援出港，陸上では集会参加者と機動隊にらみ合い.
7.29 原燃2社の作業船，泊沖に調査ブイ設置のため侵入.30隻で海上阻止行動，漁場を守る会副会長逮捕.
30 東北町農協，核燃立地凍結を決議.

8. 2 泊沖2地点に調査ブイ強行設置．海上阻止行動で1人逮捕，操業中の女性けが．野辺地署の逮捕に抗議．

5 阻止行動でさらに2人逮捕．八戸海上保安部に抗議．核燃建設用地の造成起工式．

28 電事連，核燃用地をむつ小川原開発会社から買収契約．

1987年

3月　F16八戸沖に墜落．

4月　航空自衛隊機八戸沖に墜落．

5. 26 ウラン濃縮施設の許可申請．

7月　陸上自衛隊ヘリ2機墜落．

9. 15 農業4団体(農政連，農協青年部，農協婦人部，農協労組)，核燃反対で決起集会．

11月　航空自衛隊機三沢沖に墜落．

1988年

1. 11「ストップ・ザ・核燃」100万人署名運動開始．

4. 27 廃棄物施設の事業許可を申請．農業4団体，核燃白紙撤回をもとめ署名簿提出．

5. 18 農業4団体，知事にたいし公開質問状．

20 農業4団体，県議会にたいし核燃計画見直し要請．

6. 9 北村知事，公開討論会への出席拒否．

7. 21 原子力安全委員会，ウラン濃縮工場の建設にゴーサイン．

30 東北町農協，核燃計画撤回を決議．

8. 6 核燃料サイクル阻止1万人訴訟原告団結成．

10 ウラン濃縮施設，国の事業許可下りる．

27 農協中央会と経済連へ消費者から「核燃立地県産農産物買わぬ」の手紙多数．

9. 22 通産省，科技庁，核燃の立地促進で関連企業に協力要請．

29 県商工会議所連合会，原燃サイクル推進協議会結成．

30 知事，風評被害対策に100億円基金創設を表明．

10. 7 核燃サイクル阻止1万人訴訟原告団，科技庁に異議申し立て．「核燃いらね！　六ヶ所村10月大行動」3日間．

14 ウラン濃縮施設工事，抜き打ち着工．農協青年部，抗議行動．

19 天間林村農協，核燃建設反対を決議．

11. 8 竹内俊吉前知事死去．

16 県原子燃料サイクル推進協議会設立．

17 県農業委員大会で核燃反対論が続出．

22 県生協連，核燃反対決議．核燃料サイクル施設建設阻止農業者総決起集会．

25 県農協大会，核燃結論先送り反対動議をめぐり混乱．

29 県，再処理施設用地の開発申請を許可．

12.29 県農協農業者代表者大会，圧倒的多数で核燃施設建設拒否．

1989年

3.5「脱原発法，反核燃青森県ネットワーク」結成．

24 弘前市農協，核燃反対決議．

30 原燃サービス，国にたいし再処理と廃棄物貯蔵施設の許可申請．

4.9「核燃いらね！　六ヶ所村4・9大行動」1万2,000人参加．

5.24 弘前農協4団体，核燃反対を市に要請．

7.13 核燃阻止1万人訴訟原告団，ウラン濃縮施設への国の事業許可取消をもとめて訴訟．

23 参院選，反核燃の農民代表三上隆雄氏圧勝．

8.11 西ドイツ市民団体，核燃計画の中止をもとめて六ヶ所村訪問，抗議行動．

18 反核燃市民グループ13団体，北村知事の辞任要求．

21 核燃阻止農業者実行委員会，核燃反対未決議の農協に決議の要請文を送る．

31 県内農協50(過半数)が核燃反対決議．

9.19 六ヶ所村農協，アンケート調査で反対意見が7割を占める．

10.27 低レベル放射性廃棄物貯蔵施設大幅な計画変更．日本原燃が科技庁へ一部補正書．

12.10 六ヶ所村長選挙，「核燃凍結」の土田候補当選．

12 ウラン濃縮機器の搬入延期．

1990年

1.6 県農政対策委員会，県および事業者にたいし，白紙撤回を要請．

2.18 衆院選，反核燃2候補(関晴正氏，山内弘氏)当選．

3.29 原子力船「むつ」出力上昇試験に出港，トラブル続出．

4.3 ウラン濃縮機器を裏口から搬入．

26 原子炉以外の初の公開ヒアリング．

5.9 低レベル放射性廃棄物輸送船の許可申請．

12 遠心分離機搬入阻止行動，駐車違反とされる．

21 六ヶ所村倉内酪農協，核燃凍結を決議．

6.16 土田六ヶ所村村長，新聞記者に「核燃の慎重な推進」と語る．

19 六ヶ所村平沼に，F16燃料タンク落下．

7.14 青森県農業青年経営者協議会，核燃反対を採決．

9.10 県むつ小川原対策連絡会議，小川原湖利水事業部会会合(淡水化は不可欠)．

13 ウラン濃縮工場への第1期分の遠心分離機搬入終了．

19 日本原燃産業，低レベル貯蔵施設工程再見直し，着工延期の

補正書を科技庁へ提出.

10.30「むつ」蒸気発生機の蒸気流動計が不調で試験中止.

11.15 国が低レベル処分場に事業許可.

30 低レベル処分場着工, 反核団体着工に抗議.

12.7 F16 三沢沖でエンジン故障のため燃料タンク2個と模擬弾6個を太平洋上に投棄.

20「核燃施設立地の基本協定破棄を求める署名」52万128人分提出.

1991年

2.3 県知事選, 北村氏4選.

7 F16 戦闘機が三沢沖の操業海域に燃料タンク2基を投棄.

4.7 県議選投票, 自民圧勝.

5.7 三沢基地内の姉沼通信所付近に離陸間もないF16が墜落事故発生.

14 県弁護士会はウラン工場安全協定案に対し再検討を必要とする声明を発表.

22 三沢基地のF16が飛行訓練中に野辺地山中に燃料タンク落下事故.

9.3 日本原燃産業が低レベル処分場の定礎式.

27 天然六フッ化ウランが初搬入, 反対派がウラン濃縮工場前での阻止行動を展開. 六ヶ所村で道交法違反容疑で2人が検挙される.

11.8 米国三沢基地所属のF16戦闘機が三沢市天ヶ森射撃場の沖合に2個の実弾投棄.

12.11 日本原燃産業が, ウラン濃縮作業開始.

18 青森県が全国に先駆けて, 消防団員対象に核物質輸送中の事故に備えた消火活動などの教育訓練を来年2月からの実施を決めた.

1992年

1.15 科技庁は六ヶ所核燃料サイクル建設予定地に隣接して, 閉鎖系実験施設建設を決定.

22 日本原研は関根浜漁協役員会の席上「むつ」解役に伴う使用済み燃料の保管期間を10年程度と表明. 地元の「早期搬出」要望と食い違いを示した.

26 試験操業中のウラン濃縮工場で, 午前中に「電源再起動試験」中に電流喪失事故発生. 県・村への連絡遅れが発覚.

2.24 ウラン濃縮工場で停電再起動試験中に再びトラブル発生. 本格操業来月にずれ込み.

4.3 高レベル貯蔵施設に国が事業許可.

5.6 高レベル貯蔵施設着工, 反対派は抗議行動開始.

29 核燃サイクル阻止1万人訴訟原告団が高レベル貯蔵施設の事業許可に対し異議申し立て.

6.17 ウラン濃縮工場の高周波電

源設備にトラブル発生，遠心分離機を緊急停止．

7.1 日本原燃サービスと日本原燃産業が合弁，新会社「日本原燃」がスタート．

10.25 ウラン濃縮工場が，電線への落雷により自動停止．

11.16 日本原燃が再処理工場の事業申請について，5度目の一部補正．

12.7 初の低レベル放射性廃棄物を積んだ「青栄丸」がむつ小川原港に入港，反対派が抗議集会開催．

1993年

3.25 六ヶ所核燃施設の近くにウラン濃縮機器(株)の組み立て工場が着工．

31 むつ小川原開発公社解散．

4.6 ロシア・トムスク7の再処理工場で爆発事故発生．

28 再処理工場が着工，反対派が抗議行動開催．

9.17 核燃サイクル阻止1万人訴訟原告団が高レベル放射性廃棄物一時貯蔵施設の事業許可取り消しを求めて提訴．

10.17 ロシア海軍が放射性廃棄物(液体，900リットル)を日本海に投棄．

11.18 ウラン濃縮工場から濃縮ウラン初輸送，反対派は抗議行動展開．

12.5 六ヶ所村長選，土田氏再選．

6 青森県議会一般質問で，むつ小川原開発株式会社は1,500ヘクタールの未利用地を残し，借入金1,879億円が判明．

18 野辺地署は，核燃基地建設現場の傷害事件で山口組組員5人を逮捕．

1994年

2.8 ウラン濃縮工場で7日にコンプレッサーの停止のトラブルが発生していたことが判明．

17 ウラン濃縮工場の停止トラブルで日本原燃は中間報告，故障原因つかめず試運転中の遠心機の停止を決定．

21 県議会常任委員会で，濃縮工場のトラブルについて，県は「これまでにないような大きなトラブル」との認識を示した．

7.12 青森県庁OBが日本原燃の関連企業2社のトップを占め，「天下り」の実態が明らかになった．

8.2 ウラン濃縮工場で遠心分離機1機が停止，回転数低下でも分離，生産は続行．

7 六ヶ所で高レベル廃棄物はいらないとするトラクターファミリーデモ．

10.11 市民グループら「高レベル」反対訴え県庁前で抗議の座りこみ．

11.1 北村知事は記者会見で「高レベル安全協定は年内締結にこ

だわらず」,「最終処分地はロシアへ」と発言.

12.28 三陸はるか沖地震発生,マグニチュード7.5. 日本原燃は22時50分までにウラン濃縮工場の遠心分離機が正常に動いていることを確認したと発表.

1995年

1.24 東通原発で泊漁協と東北・東京電力は漁業補償協定締結.

2.5 青森県知事選,木村氏当選.

17 政府は日本原燃高レ貯蔵センター建設費が約600億円と発表.

23 高レベル輸送船「パシフィック・ピンテール」号がフランス・シェルブール出港.

3.17 六ヶ所村議会で「ITER」誘致を全会一致で陳情採択.

18 青森県労連は高レベル輸送船受入でアンケート調査実施,「来てほしくない」が6割,六ヶ所周辺市町村は3割.

28 むつ小川原会社は累積赤字が20億円越し,債務額は2,104億円を発表.

4.21 英・仏の反核燃活動家たちが来青し再処理の危険性をアピール.

24 むつ小川原港で反対派男性がクレーンに登り抗議,逮捕.

25 木村知事が高レベル輸送船拒否声明,輸送船は沖合に停泊. むつ小川原港で抗議行動. 木村知事が科学技術庁政務次官の来青を受け,30–50年後に県外に搬出される確約書を取り付け,一転接岸許可.

26 むつ小川原港に高レベル輸送船接岸. 輸送容器が貯蔵施設へ搬入. 反対派が抗議行動.

5.10 日本原研が「むつ」解体工事始める.

31 原燃が青森県に核燃料税7億7000万円納付.

7.7 再処理施設の使用済燃料受け入れ開始が計画より遅れることを日本原燃社長が木村知事に報告.

11 電事連が大間町に計画されたATR実証炉の建設を中止,フルMOX—ABWRに変更するよう通産省,科技庁などに申し入れ.

9.13 ウラン濃縮工場がトラブルで停止.

10.3 高レベルガラス固体化の収納作業始まる.

18 県議会がITER誘致の意見書を賛成多数で可決.

11.27 小川原湖総合開発事業審議会が全面淡水化の見直しを確認.

12.12 核燃サイクル阻止1万人訴訟原告団が使用済燃料貯蔵プールの冷却水循環ポンプで欠陥部品が使われていたと指摘.

1996年

1.25 原燃が再処理工場の竣工時期を3年繰り延べする内容の工

事計画変更を国に届出る.
2. 26 木村知事科技庁長官，通産大臣と会談，再処理工場の国策としての位置づけを確認.
4. 9 県内 7 カ所で「4・9 反核燃の日」集会.
15 米国のポール・レーベンソール核管理研究所長らが知事に高レベルガラス固化体の危険性を指摘.
17 東通村で原発建設計画に伴う第一次公開ヒアリング，反対派の抗議集会開催.
25 1 月から 3 月までにウラン濃縮工場の遠心分離機 162 機が停止したと原燃が公表.
5. 27 東京都内で高レベル放射性廃棄物対策推進協議会，処分場建設から埋め戻しまでの費用は 3 兆円から 5 兆円と試算.
6. 27 原燃が平成 7 年度決算内容を発表. 再処理工場建設分担金を電力会社から受け，初めて単年度黒字に.
7. 2 知事が原料ウラン海外輸送にゴーサイン.
15 東通原発建設計画に知事が同意.
9. 17 原料ウランの海上輸送船がむつ小川原港に到着，反対派は抗議集会.
20 1994 年の三陸はるか沖地震で，ウラン濃縮工場の壁に張り付けた化粧板にひび割れが発生していた事実が明らかに.
10. 29 原燃がウラン濃縮工場の遠心分離機停止台数を「9 月末現在で 985 台」と発表.
12. 19 自民党県議団が「東北新幹線八戸―青森間のフル規格整備が実現しなければ，核燃料事業にも協力しない」と党本部に迫る.
24 建設省東北地方建設局が小川原湖淡水化計画の撤回を発表.

1997 年

1. 13 第二次高レベル輸送船が仏シュルブール港を出港.
22 東北電力が東通原発 1 号機の準備工事許可を県に申請.
27 県と六ヶ所村は低レベル廃棄物増設を了承.
2. 21 電事連社長会がプルサーマル実施計画決定.
3. 10 土田浩六ヶ所村長が知事に電源立地交付金の見直しなどを求める要望書を提出.
11 動燃東海事業所の再処理工場で爆発事故.
12 高レベル廃棄物搬入阻止連絡会が県庁前で抗議の座り込み開始.
14 動燃再処理工場爆発事故の被ばく者の中に原燃の研究生 3 人がいることが判明.
18 第二次高レベル廃棄物輸送船がむつ小川原港に到着，反対派は抗議行動展開.
4. 2 原燃と電力 10 社が再処理の

基本契約を，県と村との「安全協定」成立前の３月３日に締結していたことが判明．６月に予定されている使用済み核燃料の受け入れのため．

＊『六ヶ所村郷土史年表』(六ヶ所村教育委員会)，『一〇年史』(青森県上北教職員組合むつ小川原開発研究会)，『下北「開発」年表』(「海盗り」パンフレット)，『創立十周年記念誌』(むつ小川原開発公社)，『十年の歩み』(むつ小川原開発株式会社)，『核燃サイクル基地をめぐる経過』(日教組)などを参考にして作成した．なお，91年以降は山田清彦氏作成．

本書は一九九一年三月、岩波書店より刊行された。現代文庫版の底本には講談社文庫版(一九九七年)を用いた。

六ヶ所村の記録(上)—核燃料サイクル基地の素顔

2011年11月16日　第1刷発行

著　者　鎌田《かまた》 慧《さとし》

発行者　山口昭男

発行所　株式会社 岩波書店
〒101-8002 東京都千代田区一ツ橋2-5-5
案内 03-5210-4000　販売部 03-5210-4111
現代文庫編集部 03-5210-4136
http://www.iwanami.co.jp/

印刷・精興社　製本・中永製本

ISBN 978-4-00-603232-6　Printed in Japan

岩波現代文庫の発足に際して

新しい世紀が目前に迫っている。しかし二〇世紀は、戦争、貧困、差別と抑圧、民族間の憎悪等に対して本質的な解決策を見いだすことができなかったばかりか、文明の名による自然破壊は人類の存続を脅かすまでに拡大した。一方、第二次大戦後より半世紀余の間、ひたすら追い求めてきた物質的豊かさが必ずしも真の幸福に直結せず、むしろ社会のありかたを歪め、人間精神の荒廃をもたらすという逆説を、われわれは人類史上はじめて痛切に体験した。

それゆえ先人たちが第二次世界大戦後の諸問題といかに取り組み、思考し、解決を模索したかの軌跡を読みとくことは、今日の緊急の課題であるにとどまらず、将来にわたって必須の知的営為となるはずである。幸いわれわれの前には、この時代の様ざまな葛藤から生まれた、人文、社会、自然諸科学をはじめ、文学作品、ヒューマン・ドキュメントにいたる広範な分野のすぐれた成果の蓄積が存在する。

岩波現代文庫は、これらの学問的、文芸的な達成を、日本人の思索に切実な影響を与えた諸外国の著作とともに、厳選して収録し、次代に手渡していこうという目的をもって発刊される。いまや、次々に生起する大小の悲喜劇に対してわれわれは傍観者であることは許されない。一人ひとりが生活と思想を再構築すべき時である。

岩波現代文庫は、戦後日本人の知的自叙伝ともいうべき書物群であり、現状に甘んずることなく困難な事態に正対して、持続的に思考し、未来を拓こうとする同時代人の糧となるであろう。

（二〇〇〇年一月）

S198
たいまつ十六年
むのたけじ

敗戦を機に新聞社を退社、故郷・秋田県横手市を拠点に週刊新聞「たいまつ」を発行し続けた著者の記念碑的な名著。〈解説〉佐高 信

S199
教育再定義への試み
鶴見俊輔

自らの人生を真摯に振り返り、時々の経験と人々との交わりを紹介しながら、教育がもつ深い意味を鮮やかに示す。〈解説〉芹沢俊介

S200
思想の折り返し点で
久野 収
鶴見俊輔

ベルリンの壁の崩壊の前後に「朝日ジャーナル」誌でおこなわれた連続対談。戦後論壇の重要テーマや現代の論点を熱く語り合う。〈解説〉中川六平

S201
アメリカ大統領が死んだ日
——一九四五年春、ローズベルト——
仲 晃

カリスマ的指導者ローズベルトの最後の百日と秘められた恋の行方。米国における戦後の意味を縦横に描いた異色の現代史ドキュメント。現代文庫オリジナル版。

S202
狭山事件の真実
鎌田 慧

第一審死刑判決後まで石川被告が女子高校生殺害の自白を維持したのはなぜか。長時間インタビューで事件の謎に初めて迫る衝撃作。再審開始は実現するか。

岩波現代文庫[社会]

S203
私の読書遍歴
—猿飛佐助からハイデガーへ—
木田元

忍術小説に熱中した少年が、なぜ哲学の研究者になったか。著者の人生の転機となった読書体験を熱く語る。〈解説〉山崎浩一

S204
十七歳の自閉症裁判
—寝屋川事件の遺したもの—
佐藤幹夫

17歳の少年による小学校教師殺傷事件。少年は対人関係に「障害」があるとされた。少年司法と精神医学が直面した難問とは？　真の更生とは？

S205
なぜ日本は没落するか
森嶋通夫

一九九〇年代末の時点から五〇年後の日本の将来を見据えて書かれた予言の書。日本社会の構造的問題点を鋭く指摘し、救済策を提唱する。〈解説〉中村達也

S206
心をたがやす
浜田晋

人間が生きていくうえでもっとも大切なこととは何か？　地域医療に長年取り組んできた精神科医が自分史を語り、いのちの基礎にあるものを問い直す。

S207
現代ヨーロッパの精神
加藤周一

サルトル、ヴェーユ、バルトら六人の思想家・作家を取り上げ、彼らが戦中・戦後の欧州社会における思想的課題といかに切り結んだのかを考察した名著。〈解説〉海老坂武

S208
大拙と幾多郎
森　清

同じ年に石川県金沢近辺で生まれ、第四高等中学校の同級生だった鈴木大拙と西田幾多郎の友情と交流を描いた心温まる評伝。

S209
ぼくらはガリレオ
板倉聖宣

物はどのように落ちるのか。四人の中学生と先生がガリレオの思考をなぞりながら意見を出し合う楽しさを再現。著者の仮説実験授業の原点となった討論の記録。

S210
子どもと暴力
―子どもたちと語るために―
森田ゆり

人はなぜ暴力をふるうのか。暴力をふるう子どもたち、暴力を受けている子どもたちにどう接したらよいか。生きる力を回復するための知恵を語る。

S211
πの話
野崎昭弘

ふしぎな円周率の値に魅了された人たち。いかに正確な値を求めるか。いかに使いこなすか。人類の取り組みをやさしく描く。「岩波科学の本」で大好評だった本の文庫化。

S212
ジャーナリズムに生きて
―ジグザグの自分史85年―
原　寿雄

小作農家生まれの軍国少年として育ち、戦後は、通信社の報道現場、編集中枢、経営幹部へ。自らの体験を通してメディアの課題を問いかける。岩波現代文庫オリジナル版。

2011.11

S213
名張毒ブドウ酒殺人事件
―六人目の犠牲者―
江川紹子

一九六一年、小さな村の懇親会でブドウ酒を飲んだ女性五人が悶死。八五歳の死刑囚奥西は真犯人なのか。注目の再審事件の真相に江川紹子が迫る！

S214
浪費するアメリカ人
―なぜ要らないものまで欲しがるか―
ジュリエット・B・ショア著
森岡孝二監訳

米国の中流階級は、買っても買っても、満足感が得られない。その浪費の背景には、「働きすぎと浪費の悪循環」が存在している。浪費を止めるための方策も提言する。

S215
関数を考える
遠山啓

関数とは何か。二人の中学生の疑問に風変わりな数学者が答える対話のかたちで、ていねいに説明します。教育に多大な影響を残した本。〈解説〉安野光雅

S216
北朝鮮の指導体制と後継
―金正日から金正恩へ―
平井久志

金正日体制とは何だったのか。金正恩への権力継承は可能か。本書は指導層の分析を通じて、謎の隣国の政治と社会を徹底的に解明する。岩波現代文庫オリジナル版。

S217
新版 匠の時代1
内橋克人

セイコーの革命的なクオーツ時計、シャープ、カシオ等の小型軽量化した電卓はいかに実現したか。技術者の飽くなき挑戦を活写する名作。（全6冊）

2011. 11

S218
新版 匠の時代2
内橋克人

世界初の「自動焦点カメラ」を商品化した小西六。天然皮と同じ繊維構造を持つ人工皮革で欧米を席巻した東レなどの熱い挑戦を描く。(全6冊)

S219
新版 匠の時代3
内橋克人

カナ漢字変換という発想法でワープロを生み出した東芝の技術陣。「四輪操舵」に取り組んだ本田技研の技術者。世界に飛躍した企業の底力を描く。(全6冊)

S220
新版 匠の時代4
内橋克人

東海道新幹線、青函トンネル、ATSの開発など、国鉄技術陣が巨大プロジェクトを成功に導いた秘訣とは何か。国鉄を支えた技術者を描く。(全6冊)

S221
新版 匠の時代5
内橋克人

人工補助肝臓を開発した倉敷中央病院とクラレ、人工透析装置を前進させた東京女子医大「腎センター」と東レ。技術者の熱気を伝えるルポ。(全6冊)

S222
新版 匠の時代6
内橋克人

一眼レフカメラに自動焦点を設置する。欧州で困難を乗り越え、雄々しく成長を遂げる。世界の注目を浴びた日本企業の挑戦を描く。(全6冊完結)

2011.11

S223
人間を信じる
吉野源三郎

『君たちはどう生きるか』の著者が若い人に向けて語った人間論・人生論、戦後民主主義論、平和への熱い思い、編集者としての回想等を集成。〈解説〉加藤節・緑川亨

S224
認知症の人々が創造する世界
阿保順子

認知症のお年寄りの暮らしを細やかに再現することにより、何を大切にしているのか、人間関係のありかたは、過去と今をどのように結びつけているのかを解き明かしていく。

S225
チェルノブイリの祈り
—未来の物語—
スベトラーナ・アレクシエービッチ
松本妙子訳

一九八六年の巨大原発事故に遭遇した人々の悲しみと衝撃とは何か。人々が黙してきたことを、被災地で描いた珠玉のドキュメント。日本のいまを照らす。〈解説〉広河隆一

S226
新編 あの戦争を伝えたい
東京新聞社会部編

戦後生まれが7割を超える今日、あの六十数年前のアジア・太平洋戦争の記憶を風化させないために、約20人もの記者が総力取材。新たな取材にもとづく18編を追加した決定版。

S227
人を不幸にしない医療
—患者・家族・医療者—
山城紀子

お年寄りを「縛らない」介護のための試行錯誤、全国初の公務員医師労組結成、白衣を着ない医師、患者が理解できるカルテ。沖縄での多様な実践を生き生きと描くヒューマンドキュメント。

S228
チェルノブイリ
―アメリカ人医師の体験―
R・P・ゲイル
T・ハウザー
吉本晋一郎訳

骨髄移植の世界的権威であるゲイル博士は巨大原発事故が起きた地を事故直後に訪ね、放射能を浴びた人々を治療する。「核」の恐怖を描きだす迫真のルポ。

S229
秘境ブータン
中尾佐助

鎖国状態にあった王国の自然と社会と文化を百数十点の写真とともに臨場感あふれる筆致で描く。一九六〇年日本エッセイスト・クラブ賞受賞。〈解説〉山口裕文

S230
賀川豊彦
隅谷三喜男

労働運動、農民運動、生協運動、平和運動の先駆者にして特異なキリスト者たる賀川豊彦の思想と行動を近代思想史上に位置付けた画期的評伝。〈解説〉小林正弥

S231
フェミニズムの時代を生きて
西川祐子
上野千鶴子
荻野美穂

日本におけるフェミニズム運動のパイオニア世代の三人が、個人史の軌跡を時代の中に位置づけて語る。後に続く世代に残す貴重な証言。岩波現代文庫オリジナル版。

S232-233
六ケ所村の記録(上・下)
―核燃料サイクル基地の素顔―
鎌田慧

一九八四年、下北半島の寒村で核燃料廃棄物処理場建設計画が始まった。それ以前から続いていた農民たちの抵抗は本格化する。渾身の大河ルポ。新稿を加筆。〈解説〉広瀬隆

2011.11

岩波現代文庫[社会]

S234

歌集 小さな抵抗 ―殺戮を拒んだ日本兵―

渡部良三

アジア太平洋戦争の末期、中国戦線で捕虜虐殺の軍命を拒否した著者は、戦場の日々を約七〇〇首の歌に詠んだ。キリスト者による希有な抗いの記録。〈解説〉今野日出晴

2011.11